OpenHarmony

程序设计任务驱动式教程

主　编◎李　雄　欧　楠

副主编◎廖瑞映　谢　剑

清華大学出版社

北　京

内 容 简 介

本书从初学者的角度出发，通过通俗易懂的语言、丰富多彩的实战型案例，详细地介绍了使用 OpenHarmony 进行程序设计需要掌握的知识。以任务驱动的方式，系统地讲解了 OpenHarmony 应用开发基础与实战的全栈技术内容。全书共分为 9 章，包括 OpenHarmony 开发环境、身体质量指数（BMI）指示器实现、旋转风车实现、二维码生成器、学生抽奖系统、手机计算器实现、仿微信界面、在线考试系统、智能电子时钟。主要内容包括 OpenHarmony 相关知识概述、开发软件的安装及 IDE 介绍、应用程序结构介绍、常用组件的使用、自定义组件、路由的配置与使用、页面布局、Flex 布局、滑动组件 Swiper、滚动组件 Scroll、二维码组件、日志调试与查看、第三方文件引入、计时器、转场动画、蜂鸣器、温湿度传感器、HTTP 网络请求等。

本书既可作为普通高等职业院校移动应用开发、OpenHarmony 开发、移动互联应用技术等相关专业的教学用书，也可作为相关从业人员的参考用书。

图书在版编目（CIP）数据

OpenHarmony 程序设计任务驱动式教程 / 李雄，欧楠主编 . —北京：清华大学出版社，2024.3
ISBN 978-7-302-65975-4

Ⅰ．①O… Ⅱ．①李… ②欧… Ⅲ．①移动终端—应用程序—程序设计 Ⅳ．①TN929.53

中国国家版本馆 CIP 数据核字（2024）第 064373 号

责任编辑：邓 艳
封面设计：刘 超
版式设计：文森时代
责任校对：马军令
责任印制：杨 艳

出版发行：清华大学出版社
　　　　网　　　址：https://www.tup.com.cn，https://www.wqxuetang.com
　　　　地　　　址：北京清华大学学研大厦 A 座　　　　　　邮　　编：100084
　　　　社 总 机：010-83470000　　　　　　　　　　　　邮　　购：010-62786544
　　　　投稿与读者服务：010-62776969，c-service@tup.tsinghua.edu.cn
　　　　质量反馈：010-62772015，zhiliang@tup.tsinghua.edu.cn
印 装 者：三河市铭诚印务有限公司
经　　销：全国新华书店
开　　本：185mm×260mm　　　　印　　张：17　　　　字　　数：399 千字
版　　次：2024 年 3 月第 1 版　　　　　　　　　　　印　　次：2024 年 3 月第 1 次印刷
定　　价：69.00 元

产品编号：102646-01

本书编委会

主　　编：李　雄　欧　楠

副 主 编：廖瑞映　谢　剑

编　　委：彭顺生　赵　莉　梁　栋　邓　娟

　　　　　王　浩　刘盼民　王振德

参编企业：拓维信息系统股份有限公司

　　　　　湖南开鸿智谷数字产业发展有限公司

前　　言

2020 年 9 月及 2021 年 5 月，华为分两次将鸿蒙操作系统（HarmonyOS）的基础功能全部捐献给开源产业公益事业的非营利性独立法人机构——开放原子开源基金会，由开放原子开源基金会整合其他参与者的贡献，形成 OpenHarmony 开源项目。截至 2023 年 2 月 14 日，鸿蒙系统设备装机超过 2.4 亿套，生态设备出货超过 1.5 亿套。目前，已有 28 个软件发行版、110 款产品和 100 款开发板/模组通过 OpenHarmony 兼容性测评，覆盖金融、教育、交通、家居、安防等多个行业。作为一款面向分布式全场景、开源开放的智能终端操作系统，OpenHarmony 始终坚持技术创新，提升科技赋能水平。

操作系统是软件领域的"根技术""定海神针"，作为数字基础设施的底座，发挥着承接上层软件和底层硬件资源的重要作用，只有不断进行技术创新、推动生态建设，操作系统产业才能发展壮大，基础软件领域才能枝繁叶茂。OpenHarmony 已经成为发展速度最快的开源操作系统之一，产品商业化落地进程加速。OpenHarmony 除了深耕金融、教育、交通、能源、政务、安平六个行业，还孵化了制造、卫生、广电、电信四大行业，持续赋能千行百业数字化转型，打造有质量的行业生态。OpenHarmony 在国产化替代方面还有很大发展空间。

本书提倡实践能力培养与创新素质提升并重，突出实际应用。全书内容结构合理，知识点全面，讲解详细，内容由浅入深，循序渐进，重点难点突出；以初学者的角度详细地讲解了 OpenHarmony 软件开发中用到的多种技术知识。其中包括 OpenHarmony 相关概述、开发软件的安装及 IDE 介绍、应用程序结构介绍、常用组件的使用、自定义组件、路由的配置与使用、页面布局、Flex 布局、滑动组件 Swiper、滚动组件 Scroll、二维码组件、日志调试与查看、第三方文件引入、计时器、转场动画、蜂鸣器、温湿度传感器、HTTP 网络请求等，采用典型翔实的例子、通俗易懂的语言阐述 OpenHarmony 开发过程。全书通过剖析案例、分析代码结构含义、解决常见问题等方式，帮助初学者培养良好的编程习惯，读者还可通过扫描书中的二维码来进一步扩充所学知识。本书是基于校企合作、培养创新应用型人才的系列教材之一，也是鸿蒙工程师和编程初学者的重要参考用书，对 OpenHarmony 学习者有较大的帮助。

本书由湖南信息职业技术学院李雄、欧楠、廖瑞映、谢剑编写，在编写过程中得到了拓维信息（长沙）系统股份有限公司领导和湖南开鸿智谷数字产业发展有限公司王浩、刘盼民等企业技术骨干的大力支持，部分课后习题来自网络佚名作者，在此向相关人员表示感谢。

由于时间仓促，加之作者水平有限，书中难免存在不足与疏漏之处，敬请广大读者和同人提出宝贵意见和建议，以便再版时予以修正。

编　者

目　　录

OpenHarmony 开发环境

在操作系统方面，欧美发达国家先入为主，在市场中建立了一个完备的生态系统，这让我国的操作系统发展较为艰难。但伴随着智能手机的诞生与普及，国产操作系统迎来了新的发展机会。

2012 年，华为创始人任正非说："我们现在做终端操作系统是出于战略的考虑，如果他们突然断了我们的粮食，Android（安卓）系统不给我用了，Windows Phone 8（微软）系统也不给我用了，我们是不是就傻了？"2019 年 8 月 9 日，华为在东莞举行华为开发者大会（HDC.2019）并正式发布了鸿蒙系统。2021 年 10 月，华为宣布搭载鸿蒙系统的设备突破 1.5 亿台。

操作系统涉及国家的安全。国产操作系统的普及还有很长的路要走，不仅需要在技术上有人前赴后继地钻研，也需要得到广大用户的支持。希望鸿蒙系统能够突破技术壁垒，打造出中国软件的"根"。操作系统开发爱好者也可以通过鸿蒙应用开发、组件开发和开源代码为鸿蒙生态发展贡献自己的一份力量。

教学导航

教学目标	知识目标：
	了解 OpenHarmony，以及 OpenHarmony 与 HarmonyOS 的关系
	了解 OpenHarmony 的发展历程
	了解 OpenHarmony 的系统架构
	了解 OpenHarmony 的技术特性
	了解 OpenHarmony 的应用场景
	下载 DevEco Studio
	安装 DevEco Studio
	配置 DevEco Studio
	更换 Full SDK
	创建第一个 OpenHarmony 应用程序 HelloWorld
	使用预览器工具预览程序界面效果
	使用试验箱运行第一个 OpenHarmony 程序

教学目标	能力目标： 了解 OpenHarmony 具备运行 OpenHarmony 程序的能力 培养文档阅读与理解能力 素质目标： 明确鸿蒙系统开发是突破技术壁垒、实现系统国产化的有效途径
教学重点	了解 OpenHarmony 使用 DevEco Studio 更换 Full SDK 使用试验箱运行第一个 OpenHarmony 程序
教学难点	更换 Full SDK
课时建议	4 课时

任务 1　认识 OpenHarmony

任务目标

❖　了解 OpenHarmony 的发展历程
❖　了解 OpenHarmony 的系统架构
❖　了解 OpenHarmony 的技术特性
❖　了解 OpenHarmony 的应用场景
❖　分析鸿蒙系统职业岗位要求

任务陈述

工欲善其事，必先利其器。实现基于 OpenHarmony 应用程序开发的第一步就是搭建开发环境。通过认识 OpenHarmony、安装 DevEco Studio 工具和创建第一个 OpenHarmony 应用程序这三个子任务，读者可以掌握准备鸿蒙应用开发环境的方法。

知识准备

当前的移动互联网创新仍然仅局限于以手机为主的单一设备，单一设备的操作体验已经不能完全满足人们在不同场景下的需求，因此，为万物互联的 OpenHarmony 应运而生。OpenHarmony 是一款"面向未来"的全场景分布式操作系统，它创造性地提出了基于同一套系统能力、适配多种终端形态的分布式理念，将多个物理上相互分离的设备融合成一个"超级虚拟终端"，通过按需调用和融合不同软硬件的能力，实现不同终端设备之间的极速连接、硬件互助和资源共享，为用户在移动办公、社交通信、媒体娱乐、运动健康、智能家居等多种全场景下匹配最合适的设备，提供最佳的智慧体验。

任务实施

1. OpenHarmony 的发展历程

2019 年 5 月 15 日，时任美国总统特朗普以"国家安全"为由签署行政命令，美国商务部将华为及其附属公司列入"实体名单"。一夜之间，华为无法使用高通芯片，谷歌停止与华为合作，华为失去 Android 系统更新的访问权，面临无芯片、无系统的境地。为应对谷歌 Android 系统"断供"，华为正式推出其于 2016 年立项的鸿蒙系统。2019 年 8 月 9 日，华为在 HDC 大会上发布了分布式操作系统 1.0 版本，正式取名"鸿蒙"。我国缺少自主可控的操作系统核心技术，鸿蒙系统的发布，被人们寄予厚望。

华为深知一个操作系统要推广，难的不是技术而是整个生态，而要快速建立鸿蒙生态就必须对鸿蒙进行开源，华为迫切需要开源平台。

2020 年 6 月，我国首个开源领域的基金会——开放原子开源基金会成立。它是我国目前唯一一个立足于中国，面向全球的开源基金会。

2020 年 9 月，华为向开放原子开源基金会捐赠了鸿蒙系统的首批基础能力相关代码，并命名为 OpenAtom OpenHarmony（简称 OpenHarmony），中文意思是"开发、和谐"。从此，我国也有了属于自己的操纵系统。此时它的能力范围有限，支持的产品也以轻量无屏设备为主，如蓝牙耳机、路由器等。

2021 年 5 月，华为再次把鸿蒙系统的核心基础能力全部捐赠给开放原子开源基金会并由基金会对外开源，这就是 OpenHarmony 2.0 版本，这个版本支持简单的用户界面（user interface，UI）类应用开发，支持的设备也升级到智能手表等小型带屏设备。

2021 年 9 月，开放原子开源基金会发布了 OpenHarmony 3.0 版本，这个版本开放了 OpenHarmony 标志性的分布式能力，支持了更多基础类应用开发，如日历、图库等，从该版本起，OpenHarmony 已经可以支持显示器、数码相机等简单标准带屏设备。

2022 年 3 月，开放原子开源基金会正式发布 OpenHarmony 3.1 Release 版本，这标志着 OpenHarmony 基本具备了带屏设备的产品能力，该版本对键盘、鼠标以及操控板都提供了支持，同时也支持多窗口管理以及引入了新的自研图形栈，换句话说，该版本为支持手机、计算机做好了准备。

2. OpenHarmony 的系统架构

OpenHarmony 的系统架构遵从分层设计，从下至上依次为内核层、系统服务层、框架层和应用层，如图 1-1 所示。

1）内核层

OpenHarmony 采用多内核设计（Linux 内核、OpenHarmony 微内核或 LiteOS），支持针对不同资源受限设备选用合适的操作系统内核。内核抽象层通过屏蔽多内核差异，对上层提供基础的内核能力，包括进程/线程管理、内存管理、文件系统、网络管理和外设管理等。

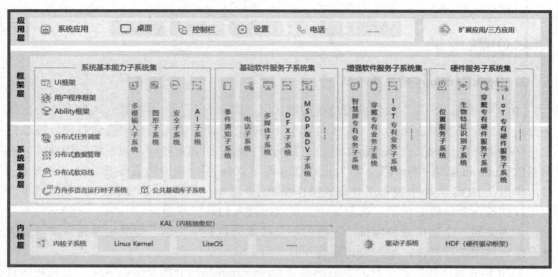

图 1-1 OpenHarmony 的系统架构

2）系统服务层

系统服务层是 OpenHarmony 的核心能力集合，通过框架层为应用程序提供服务，包含系统基本能力子系统集、基础软件服务子系统集、增强软件服务子系统集和硬件服务子系统集等。

3）框架层

框架层为 OpenHarmony 的应用程序提供了 Java/C/C++/JavaScript/ArkTs 等多语言的用户程序框架和 Ability 框架，以及各种软硬件服务对外开放的多语言框架应用程序编程接口（application programming interface，API）。

4）应用层

应用层包括系统应用和第三方应用。OpenHarmony 的应用由一个或多个 UIAbility 和 ExtensionAbility 组成。这两种组件都有具体的类承载，支持面向对象的开发方式。它们是 Ability 抽象概念在 Stage 模型上的具体实现。它们是 Ability 管理服务调度的单元，其生命周期都是由 Ability 管理服务进行调度的。其中，UIAbility 组件是一种包含 UI 的应用组件，ExtensionAbility 组件是一种面向特定场景的应用组件。

3. OpenHarmony 的技术特性

多种设备之间通过 OpenHarmony 可以实现硬件互助和资源共享，依赖的关键技术主要包括分布式软总线、分布式数据管理、分布式任务调度和分布式设备虚拟化等。

1）分布式软总线

分布式软总线是手机、手表、平板计算机、智慧屏、车机等多种终端设备的统一基座，是分布式数据管理和分布式任务调度的基础，为设备之间的无缝互联提供了统一的分布式通信能力，能够快速发现并连接设备，高效地传输任务和数据。分布式软总线示意图如图 1-2 所示。

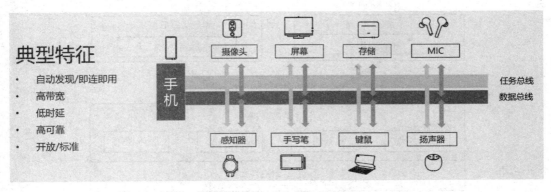

图 1-2　分布式软总线示意图

2）分布式数据管理

分布式数据管理位于分布式软总线之上，用户数据不再与单一物理设备进行绑定，而是将多个设备的应用程序数据和用户数据进行同步管理，当应用跨设备运行时，数据无缝衔接，让跨设备数据处理如同本地处理一样便捷。分布式数据管理示意图如图 1-3 所示。

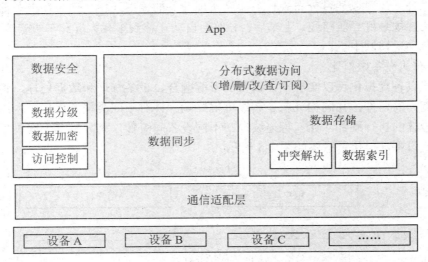

图 1-3　分布式数据管理示意图

例如基于分布式数据管理，可以通过手机访问其他设备中的照片和视频，并将其他设备中的视频转移到智慧屏进行播放，也可以将编辑在任何一台设备中的备忘录信息进行跨设备同步更新。

3）分布式任务调度

分布式任务调度基于分布式软总线、分布式数据管理等技术特性，构建统一的分布式服务管理，支持对跨设备的应用进行远程启动、远程控制、绑定/解绑、迁移等操作。在具体的场景下，能够根据不同设备的能力、位置、业务运行状态、资源使用情况，并结合用户的习惯和意图，选择最合适的设备运行分布式任务。分布式任务调度示意图如图 1-4 所示。

利用分布式任务调度机制，可以实现多个设备间的能力互助。例如分布式亲子教育应用，在家庭多人协作等场景下，家长可以辅导孩子完成算术题、拼图等教育应用。

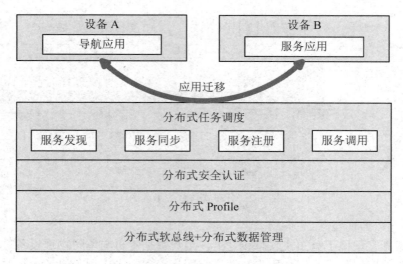

图 1-4　分布式任务调度示意图

　　除此之外，还可以通过分布式任务调度实现业务的无缝迁移。例如在上车前，可以通过手机查找并规划好导航路线，上车后，导航会自动迁移到车载大屏和车机音响，下车后，导航又会自动迁移回手机。

　　4）分布式设备虚拟化

　　分布式设备虚拟化可以实现不同设备的资源融合、设备管理和数据处理，将周边设备作为手机能力的延伸，共同构成一个超级虚拟终端。针对不同类型的任务，为用户匹配并选择能力最佳的执行硬件，让任务连续地在不同设备间流转，充分发挥不同设备的资源优势。分布式设备虚拟化示意图如图 1-5 所示。

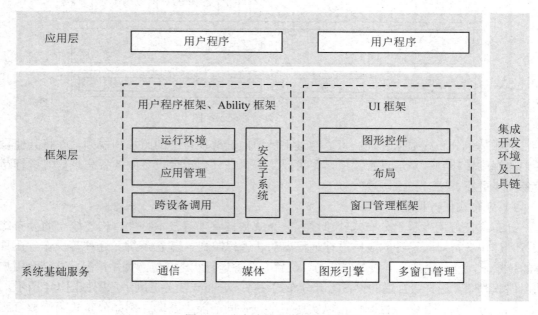

图 1-5　分布式设备虚拟化示意图

5）一次开发、多端部署

OpenHarmony 通过提供统一的集成开发环境，进行多设备的应用开发，并且通过向用户提供用户程序框架、Ability 框架和 UI 框架，保证开发的应用在多终端运行时的一致性。通过模块化耦合，对应不同设备间的弹性部署。一次开发、多端部署示意图如图 1-6 所示。

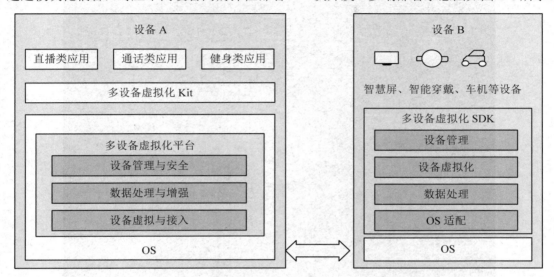

图 1-6　一次开发、多端部署示意图

其中，UI 框架支持 Java 和 ArkUI（方舟）两种模式，ArkUI 支持 JS 和 eTS 两种语言，并提供了丰富的多态控件，可以在手机、平板计算机、智能穿戴、智慧屏、车机上显示不同的 UI 效果；采用主流设计方式，提供多种响应式布局方案，支持栅格化布局，满足不同屏幕的界面适配能力。

6）统一操作系统、弹性部署

OpenHarmony 拥有"硬件互助、资源共享"和"一次开发、多端部署"的系统能力，为各种硬件开发提供了全栈的软件解决方案，并保持了上层接口和分布式能力的统一。通过组件化和小型化等设计方法，做到硬件资源可大可小，以及在多种终端设备间按需弹性部署。

4. OpenHarmony 的应用场景

在万物互联的时代，我们每天都会接触到很多不同形态的设备，每种设备在特定的场景下都能为我们解决一些特定的问题。从表面上看，我们能够做到的事情更多了，但每种设备在使用时都是孤立的，提供的服务也都局限于特定的设备，这使得我们的生活并没有变得更好、更便捷，反而变得非常复杂。OpenHarmony 的诞生旨在解决这些问题，在纷繁复杂的世界中回归本源，建立平衡，连接万物。

OpenHarmony 为用户打造了一个和谐的数字世界——One Harmonious Universe。

HarmonyOS 的目标不只是在手机上应用。换句话说，它不只是简单地代替 Android 系统。我们应该先理解华为的"1+8+N"战略（见图 1-7），这样再重新审视 HarmonyOS，就会发现 HarmonyOS 的价值所在了。

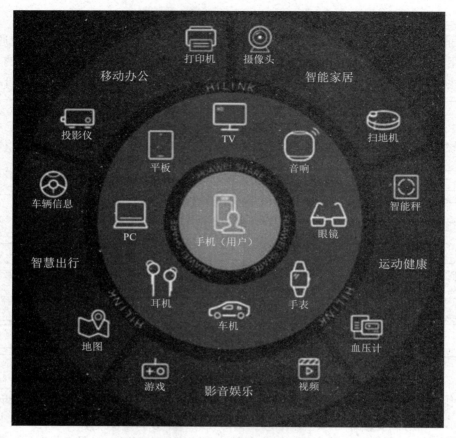

图 1-7 华为"1+8+N"战略产品示意图①

从图 1-7 中可以看到，华为"1+8+N"战略中的"1"就是以华为手机用户为中心和起点，首先扩展到 TV、音响、眼镜、手表、车机、耳机、计算机、平板计算机八大高频场景。而"N"代表的是万物互联，也就是现在非常热门的物联网，它主要应用于智能家居、运动健康、影音娱乐、智慧出行、移动办公等领域。

技术最终是以产品为核心，而产品的核心是以用户对产品的体验为中心。只有用户对产品的体验感到非常满意，最终以用户体验为中心的战略才是非常成功的。

5. 鸿蒙系统相关职业岗位要求

综合分析当前人才招聘市场对鸿蒙系统应用开发人员的任职要求和素质要求，列举了以下鸿蒙系统应用开发职业岗位要求。

（1）熟悉 JavaScript/TypeScript、React、鸿蒙 HiLink、FA JS 开发框架（或微信小程序原生框架）或类似状态管理组件等。

（2）具有良好的编码风格，有较强的独立工作能力和团队合作精神。

（3）思路清晰，思维敏捷，具有快速学习的能力。

---

① 图中 PC 即计算机，平板即平板计算机。

（4）熟悉 Android 或 iOS 等其他移动平台应用开发。

（5）能根据产品定义开发鸿蒙系统的应用。

（6）熟悉计算机、电子信息科学和软件工程等相关专业。

6. OpenHarmony 和 HarmonyOS 的区别

OpenHarmony 是由开放原子开源基金会孵化及运营的开源项目，目标是面向全场景、全连接、全智能时代，基于开源的方式，搭建一个智能终端设备操作系统的框架和平台，促进万物互联产业的繁荣发展。

华为把 HarmonyOS 中的基础功能提取出来，打包成一个叫作 OpenHarmony 的开源项目，并把它捐赠给了开放原子开源基金会。OpenHarmony 相当于 Android 开放源代码项目（Android open source project，AOSP），所以使用者须遵循开源协议和相关法律。

HarmonyOS 是华为基于开源项目 OpenHarmony 开发的面向多种全场景智能设备的商用版本。为保护华为现有手机和平板计算机用户的数字资产，在遵循 AOSP 的开源许可的基础上，HarmonyOS 实现了现有 Android 生态应用在部分搭载该系统设备上的运行。OpenHarmony 和 HarmonyOS 开发主要功能的区别见表 1-1。

表 1-1　OpenHarmony 和 HarmonyOS 开发主要功能的区别

功　能	OpenHarmony	HarmonyOS
支持的编程语言	JavaScript、ArkTS 和 C/C++	Java、JavaScript、ArkTS 和 C/C++
支持的设备类型	搭载 OpenHarmony 系统的开发板，如 RK3568、Hi3516DV300 等	华为提供的终端设备，如 Phone、Tablet、TV、Wearable、Lite Wearable、Smart Vision 和 Router 等
工程结构	采用 Hvigor 编译构建体系，其配置文件为 build-profile.json5、package.json	采用 Gradle 编译构建体系，其配置文件为 build.gradle
模拟器	暂不支持	支持 Local Emulator 和 Remote Emulator，包括 Phone、Tablet、TV 等设备
远程真机	试验箱	支持 Phone、Tablet、TV 等设备
编译构建	使用 Hvigor 编译构建工具	使用 Gradle 编译构建工具
签名	使用 SDK 包中携带的签名工具进行签名	应用通过 AppGallery Connect 申请签名文件；服务通过 HUAWEI Ability Gallery 申请签名文件
调试	支持单设备、单语言调试	支持跨语言、跨设备的分布式调试
性能分析	支持 CPU、内存分析	支持 CPU、内存、网络活动、能耗分析
发布	暂不支持	应用支持发布到 AppGallery Connect，服务支持发布到 HUAWEI Ability Gallery

课堂实训

1. 实训目的

深入了解 OpenHarmony。

2. 实训内容

了解 OpenHarmony 的技术特性和发展历程。

任务 2   安装 DevEco Studio for OpenHarmony

任务目标

- ❖ 下载 DevEco Studio
- ❖ 安装 DevEco Studio
- ❖ 配置 DevEco Studio

任务陈述

了解 DevEco Studio 工具，根据操作系统下载对应的 DevEco Studio 安装包，安装与配置 DevEco Studio。

知识准备

HUAWEI DevEco Studio（以下简称 DevEco Studio）是基于 IntelliJ IDEA Community 开源版本打造，面向华为终端全场景、多设备的一站式集成开发环境，为开发者提供工程模板创建、开发、编译、调试、发布等 E2E 的 OpenHarmony 应用/服务开发。通过使用 DevEco Studio，开发者可以更高效地开发具备 OpenHarmony 分布式能力的应用/服务，进而提升创新效率。

作为一款软件开发工具，DevEco Studio 除了具有基本的代码开发、编译构建及调测等功能，还具有图 1-8 所示的特点。

图 1-8   DevEco Studio 的特点

任务实施

1. DevEco Studio 的安装与配置

DevEco Studio 支持 Windows 系统，在开发 OpenHarmony 应用/服务前，需要配置 OpenHarmony 应用/服务的开发环境。DevEco Studio 的安装与配置流程如图 1-9 所示。

软件安装
配置开发环境
运行Hello World
安装DevEco Studio
（可选）设置IDE代理
（可选）设置npm代理
（可选）设置Gradle代理
下载HarmonyOS SDK
创建工程
运行Hello World
图例：
主流程
子步骤

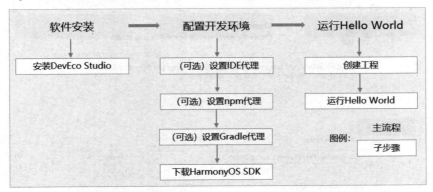

图 1-9　DevEco Studio 的安装与配置流程

1）下载 DevEco Studio

DevEco Studio 的下载页地址为 https://developer.harmonyos.com/cn/develop/deveco-studio/archive/，下载页面如图 1-10 所示。

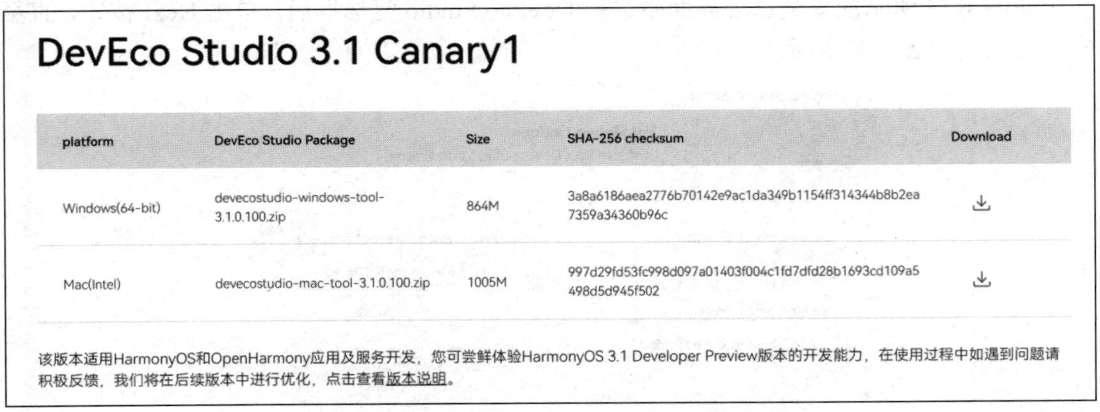

DevEco Studio 3.1 Canary1
platform
DevEco Studio Package
Size
SHA-256 checksum
Download
Windows(64-bit)
devecostudio-windows-tool-3.1.0.100.zip
864M
3a8a6186aea2776b70142e9ac1da349b1154ff314344b8b2ea7359a34360b96c
Mac(Intel)
devecostudio-mac-tool-3.1.0.100.zip
1005M
997d29fd53fc998d097a01403f004c1fd7dfd28b1693cd109a5498d5d945f502
该版本适用HarmonyOS和OpenHarmony应用及服务开发，您可尝鲜体验HarmonyOS 3.1 Developer Preview版本的开发能力，在使用过程中如遇到问题请积极反馈，我们将在后续版本中进行优化，点击查看版本说明。

图 1-10　DevEco Studio 下载页面

DevEco Studio 支持 Windows 和 macOS 系统，根据所用系统选择不同版本下载即可。下载后需要解压 ZIP 文件。

2）安装 DevEco Studio

（1）Windows 环境运行要求。为保证 DevEco Studio 正常运行，建议计算机配置满足如下要求：

① 操作系统：Windows 10，64 位。

② 内存：8GB 及以上。

③ 硬盘：100GB 及以上。

④ 分辨率：1280×800 像素及以上。

下载完成后，双击下载的 deveco-studio-xxxx.exe 软件包，进入 DevEco Studio 安装向导。在图 1-11 所示的安装路径配置界面选择安装路径，默认安装在 C:\Program Files 路径下，也可以单击 Browse 按钮指定其他安装路径，然后单击 Next 按钮。

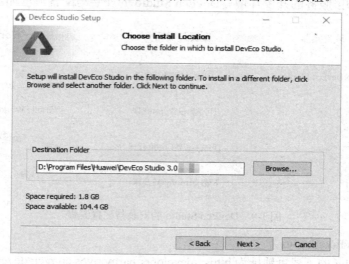

图 1-11　DevEco Studio 安装路径配置界面

在图 1-12 所示的安装选项界面中选中 DevEco Studio 复选框后，单击 Next 按钮，直至安装完成，如图 1-13 所示。

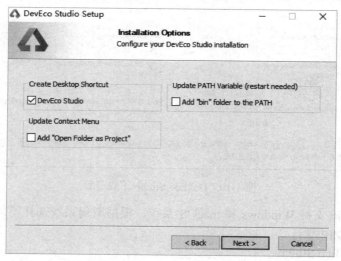

图 1-12　DevEco Studio 安装选项界面

图 1-13　DevEco Studio 安装完成界面

（2）macOS 环境运行要求。为保证 DevEco Studio 正常运行，建议计算机配置满足如下要求：

① 操作系统：macOS 10.14/10.15/11.2.2。

② 内存：8GB 及以上。

③ 硬盘：100GB 及以上。

④ 分辨率：1280×800 像素及以上。

下载完成后，双击下载的 deveco-studio-xxxx.dmg 软件包。在图 1-14 所示的安装界面中，将 DevEco-Studio 拖曳到 Applications 中，等待安装完成。

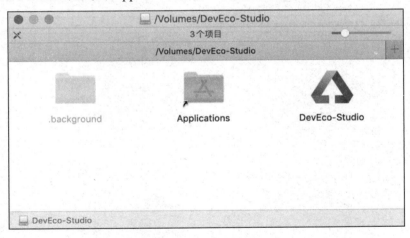

图 1-14　macOS 安装界面

3）配置 DevEco Studio

DevEco Studio 提供 SDK Manager 统一管理 SDK 及工具链，下载各种编程语言的 SDK 包时，SDK Manager 会自动下载该 SDK 包依赖的工具链。

SDK Manager 提供多种编程语言的 SDK 包和工具链，具体说明参考表 1-2。

表 1-2   SDK 包和工具链

类　别	包　名	说　明
SDK	Native	C/C++语言 SDK 包
	eTS	eTS（Extended TypeScript）SDK 包
	JS	JS 语言 SDK 包
	Java	Java 语言 SDK 包
SDK Tool	Toolchains	SDK 工具链，OpenHarmony 应用/服务开发必备工具集，包括编译、打包、签名、数据库管理等工具的集合
	Previewer	OpenHarmony 应用/服务预览器，在开发过程中可以动态预览 Phone、TV、Wearable、LiteWearable 等设备的应用/服务效果，支持 JS、eTS 和 Java 应用/服务预览

2. OpenHarmony SDK 的安装与配置

第一次使用 DevEco Studio 时，需要下载 OpenHarmony SDK 及对应的工具链。

运行已安装的 DevEco Studio，首次使用时，选择 Do not import settings，单击 OK 按钮。进入 DevEco Studio 操作向导界面，设置 npm registry 地址，DevEco Studio 已预置对应的仓，直接单击 Start using DevEco Studio 按钮进入下一步，如图 1-15 所示。

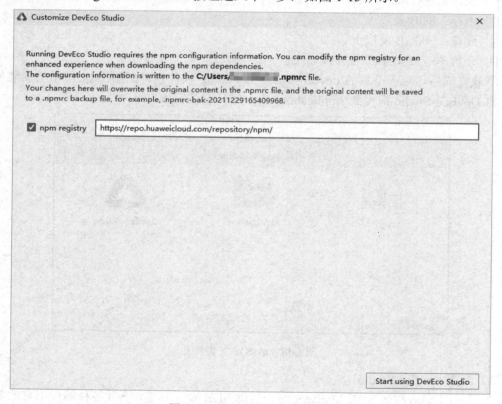

图 1-15   设置 npm register 地址

进入 Node.js 的配置界面，可以指定本地已安装的 Node.js（Node.js 版本要求为 v14.19.1

及以上，且低于 v15.0.0；对应的 npm 版本要求为 6.14.16 及以上，且低于 7.0.0 版本）；如果本地没有合适的版本，可以选中 Download 单选按钮，下载 Node.js。本示例以在线下载 Node.js 为例，选择下载源和存储路径后，单击 Next 按钮进入下一步，如图 1-16 所示，系统开始下载 Node.js，等待下载完成即可。

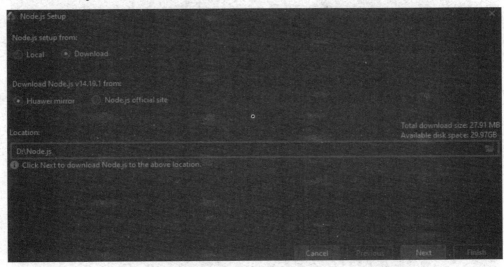

图 1-16　配置 Node.js

打开 DevEco Studio，选择"文件"→"设置"→SDK 选项，在 SDK Components Setup 界面设置 OpenHarmony SDK 和 HarmonyOS SDK 的存储路径，注意两者不能存放于同一个文件夹中。然后单击 Next 按钮进入下一步，如图 1-17 所示。

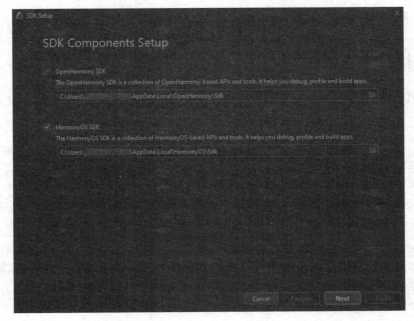

图 1-17　设置 OpenHarmony SDK 和 HarmonyOS SDK 的存储路径

在弹出的 License Agreement 界面中阅读 License 协议，同意 License 协议后（须同时接受 OpenHarmony SDK 和 HarmonyOS SDK 的 License 协议），单击 Next 按钮开始下载 SDK，如图 1-18 所示。

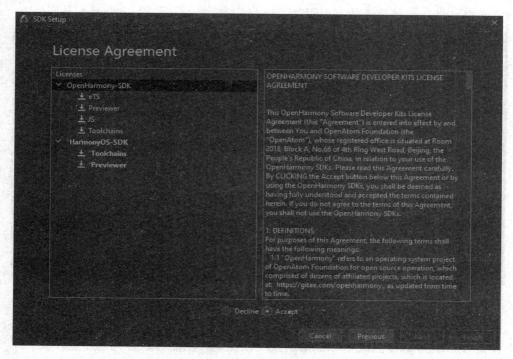

图 1-18　License 协议

SDK 下载完成后，单击 Finish 按钮，进入 DevEco Studio 欢迎界面。

课堂实训

1. 实训目的

了解 DevEco Studio 的网络配置。

2. 实训内容

1）配置 DevEco Studio 代理

启动 DevEco Studio，如图 1-19 所示，配置向导进入 Set up HTTP proxy 界面，选中 Manual proxy configuration 单选按钮，设置 DevEco Studio 的 HTTP proxy。

配置完成后，单击 Check connection 按钮，输入网络地址（如 https://developer.openharmony.com），检查网络连通性。提示 Connection successful 表示代理设置成功。

2）配置 npm 代理

通过 DevEco Studio 的设置向导设置 npm 代理信息，代理信息将写入用户"users/用户名/"文件夹下的.npmrc 文件中。如图 1-20 所示，配置以下选项。

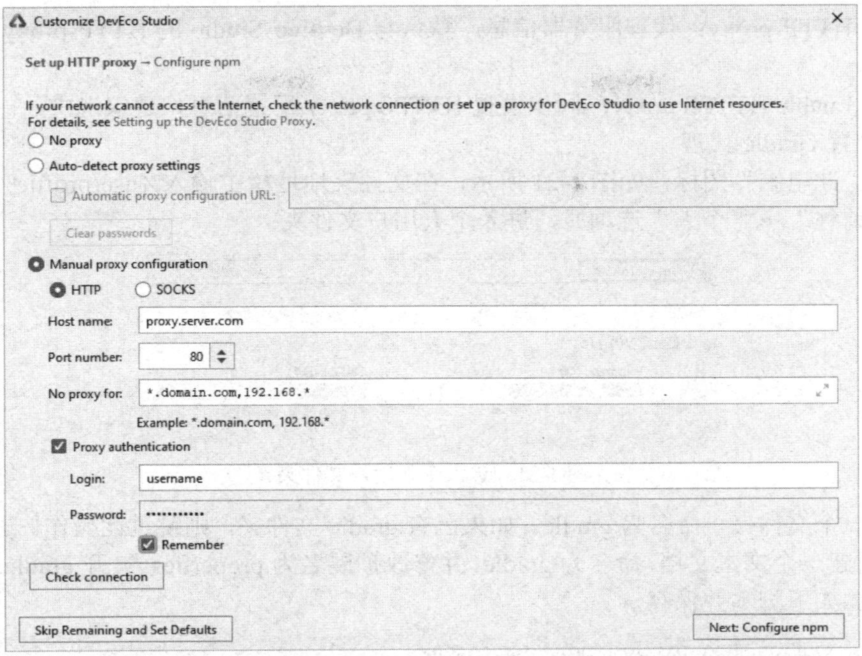

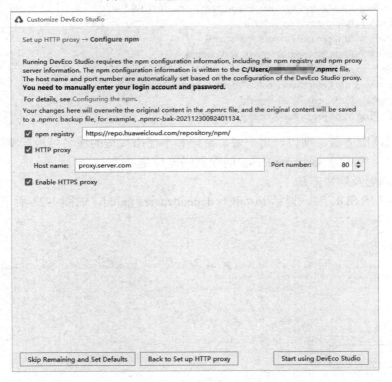

图 1-19　配置 DevEco Studio 代理

图 1-20　配置 npm 代理

（1）npm registry：设置 npm 仓的地址信息，建议选中。

（2）HTTP proxy：代理服务器信息，默认与 DevEco Studio 的 HTTP proxy 设置项保持一致。

（3）Enable HTTPS proxy：同步设置 HTTPS proxy 配置信息，建议选中。

3）配置 Gradle 代理

双击"此电脑"图标，如图 1-21 所示，在文件夹地址栏中输入%userprofile%（macOS 请选择"前往"→"个人"选项），进入个人用户文件夹。

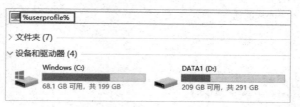

图 1-21　进入个人用户文件夹

创建一个文件夹，命名为.gradle。如果已有.gradle 文件夹，则跳过此操作。进入.gradle 文件夹，新建一个文本文档，命名为 gradle，并修改扩展名为.properties。打开 gradle.properties 文件，添加如下脚本并保存。

```
1.    systemProp.http.proxyHost=proxy.server.com
2.    systemProp.http.proxyPort=8080
3.    systemProp.http.nonproxyHosts=*.company.com|10.*|100.*
4.    systemProp.http.proxyUser=userId
5.    systemProp.http.proxyPassword=password
6.    systemProp.https.proxyHost=proxy.server.com
7.    systemProp.https.proxyPort=8080
8.    systemProp.https.nonproxyHosts=*.company.com|10.*|100.*
9.    systemProp.https.proxyUser=userId
10.   systemProp.https.proxyPassword=password
```

其中，代理服务器、端口、用户名、密码和不使用代理的域名可根据实际代理情况进行修改。不使用代理的 nonproxyHosts 的配置间隔符是"|"。

4）常见问题及解决方法

（1）下载 JS SDK 时，提示 Install Js dependencies failed，如图 1-22 所示。

```
Installing Js dependencies
Running 'npm install'
npm ERR! code ENOTFOUND
npm ERR! errno ENOTFOUND
npm ERR! network request to http://repo.tools.huawei.com/npm/deccjsunit failed, reason: getaddrinfo ENOTFOUND repo.tools.huawei.com
npm ERR! network This is a problem related to network connectivity.
npm ERR! network In most cases you are behind a proxy or have bad network settings.
npm ERR! network
npm ERR! network If you are behind a proxy, please make sure that the
npm ERR! network 'proxy' config is set properly.  See: 'npm help config'
npm ERR! A complete log of this run can be found in:
npm ERR!     C:\Users\          \AppData\Roaming\npm-cache\_logs\2021-06-21T07_58_09_835Z-debug.log
Install failed.
Install Js dependencies failed.
Reason: Unable to run 'npm install'
Fix: See https://developer.harmonyos.com/cn/docs/documentation/doc-guides/faq-development-environment-0000001168829643#section1311117111474
```

图 1-22　JS 依赖安装失败示意图

一般情况下，JS SDK 下载失败主要是由于 npm 代理配置问题或未清理 npm 缓存，可按照如下方法进行处理。

① 检查网络是否受限，如果需要通过代理才能访问网络，可根据 npm 代理配置指导，配置代理服务器信息。如果网络不受限，可跳过该步骤。

② 如果已安装 Node.js 或者设置了 npm 环境变量，则打开命令行工具，执行如下命令，清理 npm 缓存。

```
npm cache clean -f
```

③ 如果未安装 Node.js，则到 DevEco Studio 安装目录的 tools\nodejs 文件夹下打开命令行工具，执行如下命令。

```
.\npm cache clean -f
```

在欢迎界面选择 Configure → Settings → OpenHarmony SDK 选项，选中 Js SDK 复选框，单击 Apply 按钮重新进行下载。

（2）SDK 无法安装。修改 DevEco Studio 快捷方式的兼容性，选中"以管理员身份运行此程序"复选框，单击"确定"按钮，如图 1-23 所示。

图 1-23　设置管理员身份

任务 3　创建并运行第一个 OpenHarmony 应用程序

任务目标

- ❖ 更换 Full SDK
- ❖ 创建第一个 OpenHarmony 应用程序 HelloWorld
- ❖ 使用预览器工具预览程序界面效果
- ❖ 使用试验箱运行第一个 OpenHarmony 程序

任务陈述

创建 OpenHarmony 移动应用程序，用预览器工具打开合适的文件进行预览，配置试验箱并运行程序。

知识准备

Public SDK 和 Full SDK 的区别如下。

Public SDK 是提供给应用开发的工具包，跟随 DevEco Studio 下载，不包含系统应用所需要的高权限 API。

Full SDK 是提供给 OEM 厂商开发应用的工具包，不能随 DevEco Studio 下载，包含了系统应用所需要的高权限 API。

第三方开发者通过 DevEco Studio 自动下载的 SDK 均为 Public 版本。Public SDK 不支持开发者使用所有的系统 API，包括 Animator 组件、Xcomponent 组件、@ohos.application.abilityManager.d.ts、@ohos.application.formInfo.d.ts、@ohos.bluetooth.d.ts 等。

任务实施

1. 更换 Full SDK（本书以试验箱配套版本 3.2.5.5 为例）

（1）手动下载 Full SDK。打开链接 https://gitee.com/openharmony/docs/blob/master/zh-cn/release-notes/OpenHarmony-v3.2-beta2.md，下载 Full SDK 文件，如图 1-24 所示。

从镜像站点获取

表2 获取源码路径

版本源码	版本信息	下载站点	SHA256校验码
全量代码（标准、轻量和小型系统）	3.2 Beta2	站点	SHA256校验码
Hi3861轻量系统解决方案（二进制）	3.2 Beta2	站点	SHA256校验码
Hi3516轻量系统解决方案-LiteOS（二进制）	3.2 Beta2	站点	SHA256校验码
Hi3516轻量系统解决方案-Linux（二进制）	3.2 Beta2	站点	SHA256校验码
RK3568标准系统解决方案（二进制）	3.2 Beta2	站点	SHA256校验码
标准系统Full SDK包（Mac）	3.2.5.5	站点	SHA256校验码
标准系统Full SDK包（Windows\Linux）	3.2.5.5	站点	SHA256校验码
标准系统Public SDK包（Mac）	3.2.5.5	站点	SHA256校验码
标准系统Public SDK包（Windows\Linux）	3.2.5.5	站点	SHA256校验码
标准系统Full SDK包（Mac）	3.2.5.6	站点	SHA256校验码
标准系统Full SDK包（Windows\Linux）	3.2.5.6	站点	SHA256校验码
标准系统Public SDK包（Mac）	3.2.5.6	站点	SHA256校验码
标准系统Public SDK包（Windows\Linux）	3.2.5.6	站点	SHA256校验码

图 1-24　Full SDK 下载站点

解压下载的压缩包 ohos-sdk-windows_linux-full.tar.gz，如图 1-25 所示。

（2）以上几个压缩包全部解压后得到的文件如图 1-26 所示。

ets-windows-3.2.5.5-Beta2.zip	2022/7/30 17:20	WinRAR ZIP 压缩文件	16,787 KB
js-windows-3.2.5.5-Beta2.zip	2022/7/30 17:20	WinRAR ZIP 压缩文件	7,567 KB
native-windows-3.2.5.5-Beta2.zip	2022/7/30 17:20	WinRAR ZIP 压缩文件	722,021 KB
previewer-windows-3.2.5.5-Beta2.zip	2022/7/30 17:20	WinRAR ZIP 压缩文件	125,435 KB
toolchains-windows-3.2.5.5-Beta2.zip	2022/7/30 17:20	WinRAR ZIP 压缩文件	12,942 KB

图 1-25　Full SDK 压缩包

名称	修改日期	类型	大小
ets	2023/1/16 10:32	文件夹	
js	2023/1/16 10:40	文件夹	
native	2023/1/16 10:40	文件夹	
previewer	2023/1/16 10:40	文件夹	
toolchains	2023/1/16 10:40	文件夹	

图 1-26　解压后的文件

（3）找到 RealOpenHarmonySDK 安装目录（见图 1-27），备份原有的 Full SDK 文件：新建文件夹 bat，把原有文件全部剪切到 bat 文件夹中（见图 1-28）。替换新 Full SDK 文件：把解压出来的 Full SDK 文件复制粘贴到原有的 Full SDK 文件位置（见图 1-29）。

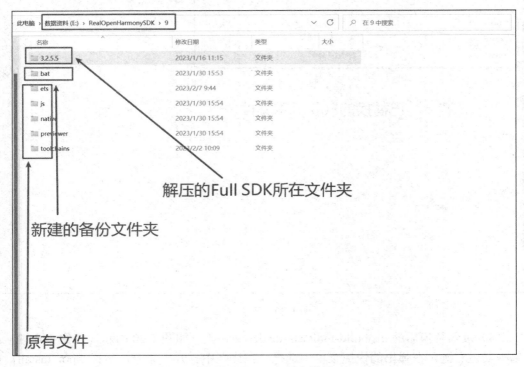

图 1-27　SDK 文件夹结构

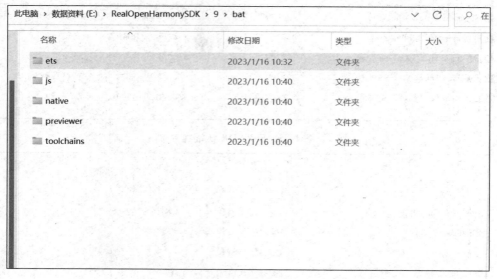

图 1-28　备份文件

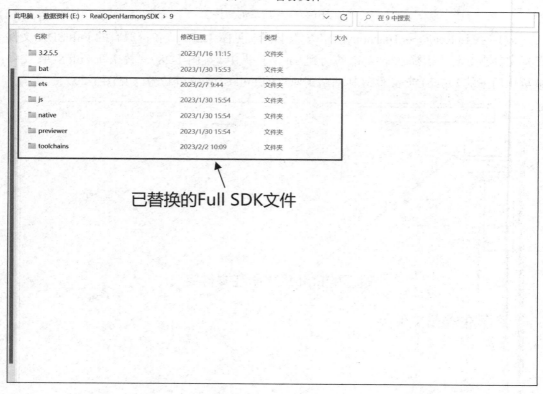

图 1-29　替换完成

（4）进入替换后的 ets\build-tools\ets-loader 文件夹，如图 1-30 所示，按住 Ctrl 键，同时单击鼠标右键，在弹出的快捷菜单中选择"在终端中打开"命令，运行 npm install，如图 1-31 所示。

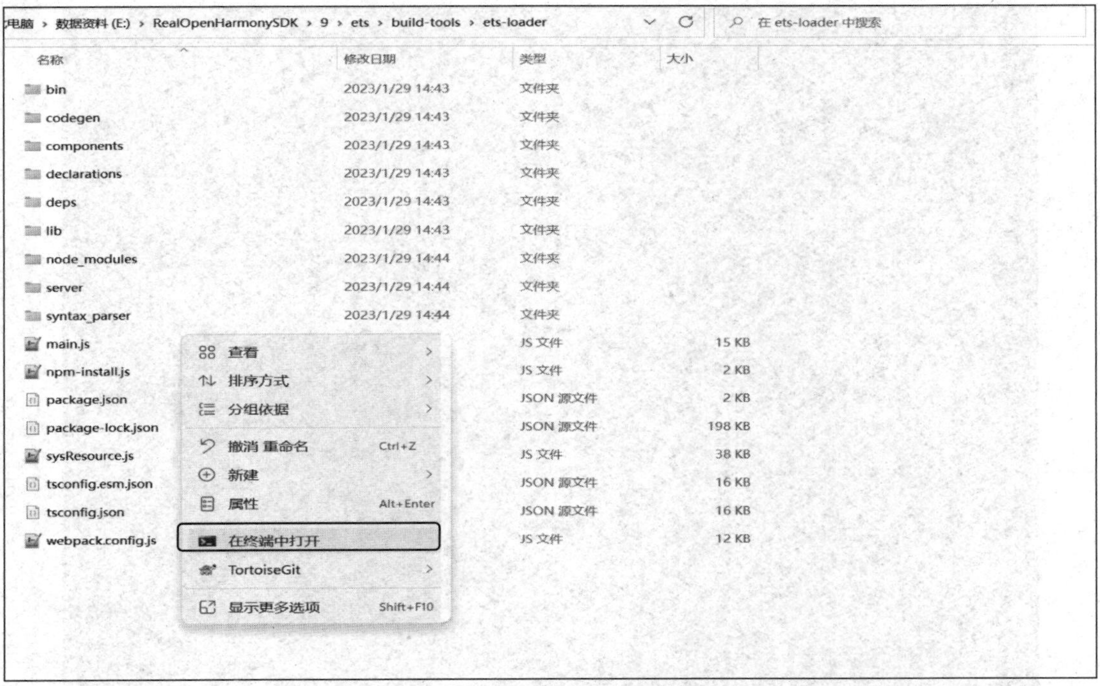

图 1-30　ets-loader 文件夹

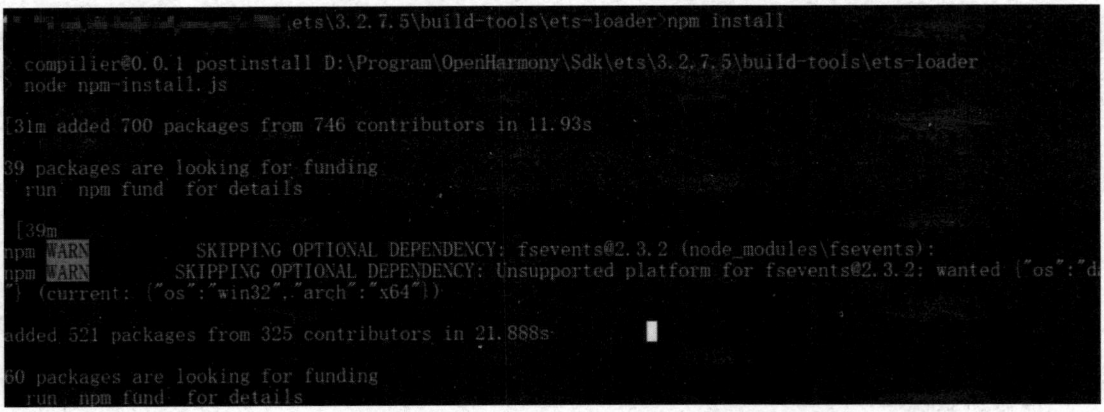

图 1-31　运行结果

重启 DevEco Studio，选择 Tools→SDKManager 命令，软件会提示我们删除旧版 SDK，如图 1-32 所示，单击 Cancel 按钮取消即可。此时可以看到 SDK 变更为 3.2.5.5 版本，Full SDK 更换完成。

2. 创建 HelloWorld 项目

首次打开 DevEco Studio，会进入欢迎界面，如图 1-33 所示，在欢迎界面单击 Create Project 按钮，创建一个新项目。若非首次打开，则选择 File→New→Create Project 命令创建新项目，如图 1-34 所示。

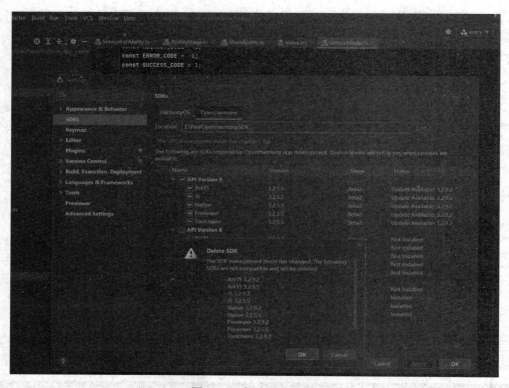

图 1-32　查看 SDK 版本

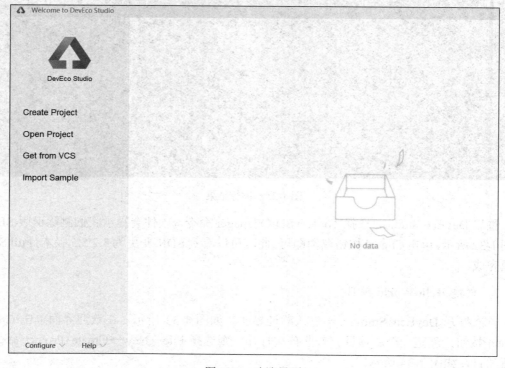

图 1-33　欢迎界面

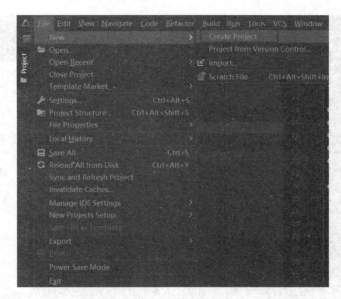

图 1-34　新建项目

DevEco Studio 为我们提供了 HarmonyOS 和 OpenHarmony 的创建模板，如图 1-35 所示，这里选择创建 OpenHarmony，然后选择 Empty Ability 模板，单击 Next 按钮，进入项目配置界面。

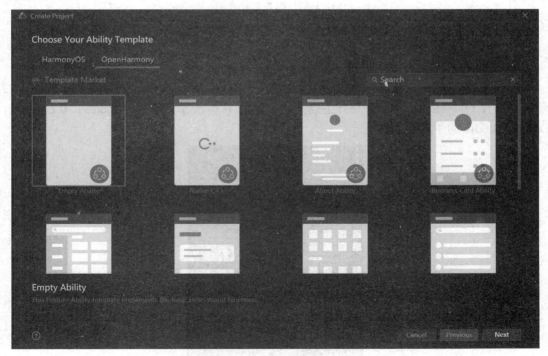

图 1-35　项目类型选择

项目配置界面的所有参数都采用默认配置，如图 1-36 所示。

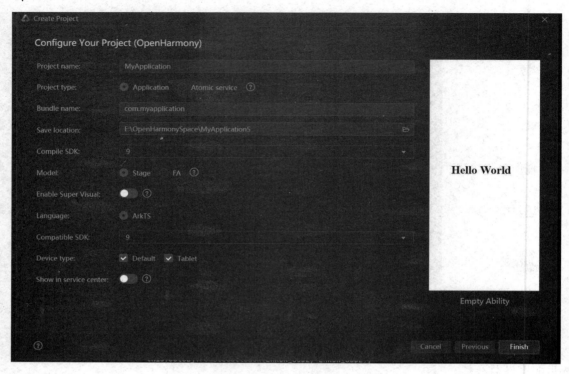

图 1-36　项目配置界面

单击 Finish 按钮后，软件会自动生成一个默认模板项目。

3. 基本配置

（1）设置主题。主题是一个很常见的功能，如手机主题、计算机系统主题。如图 1-37 所示，选择 File→Settings 命令打开主题菜单。如图 1-38 所示，选择 Windows 10 Light 后，DevEco Studio 的主题变为白色。

图 1-37　打开主题菜单

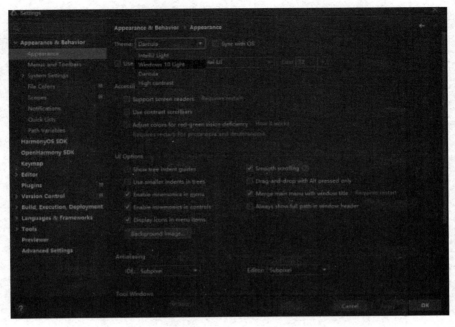

图 1-38 选择主题

（2）汉化。汉化是指将 DevEco Studio 界面中的英文改成简体中文，可以方便英语不好的人使用。DevEco Studio 已经自带汉化包工具，不需要重新下载，在 Installed 中搜索 chinese 并选中即可安装，如图 1-39 所示。

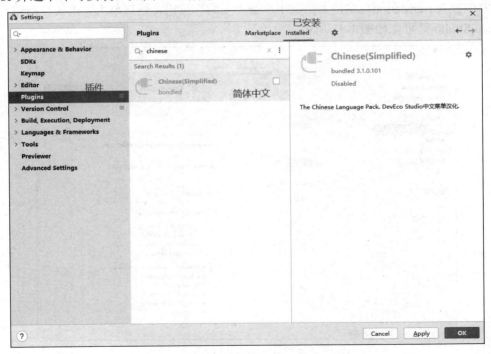

图 1-39 启动简体中文汉化包

选中后，需要重启 DevEco Studio，重启后的界面如图 1-40 所示。

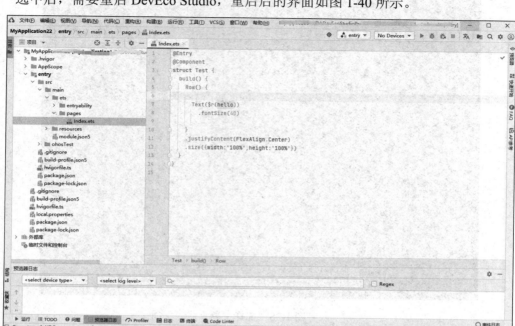

图 1-40　汉化后的界面

（3）翻译。翻译是指下载安装翻译插件。打开"设置"界面，选择"插件"选项，在搜索框中搜索 translation，在搜索结果中单击"安装"按钮，然后单击"确认"按钮，重启 DevEco Studio 即可，如图 1-41 所示。

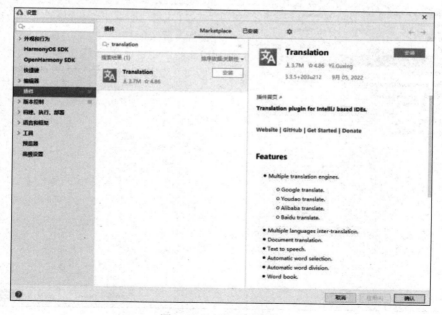

图 1-41　安装翻译插件

安装完成后，选中要翻译的内容，按 Ctrl+Shift+Y 组合键即可快速翻译，如图 1-42 所示。

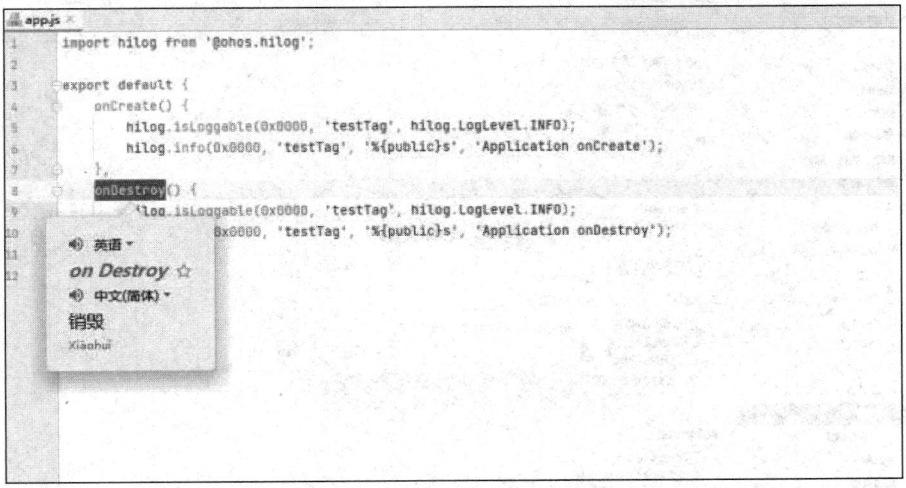

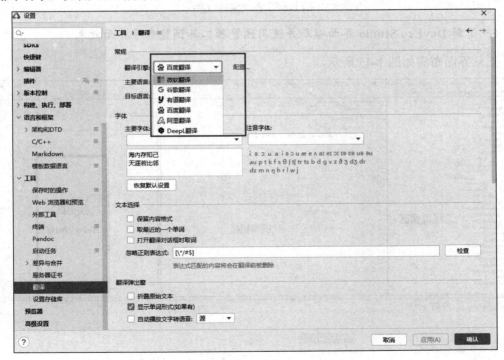

图 1-42　翻译选中的内容

在"设置"界面中选择"工具"→"翻译"选项，在"翻译引擎"下拉列表框中可切换翻译引擎，如图 1-43 所示。

图 1-43　切换翻译引擎

如果使用"有道翻译"引擎，则需要注册一个有道账户，并填写 ID 和密钥，然后单击"确认"按钮，如图 1-44 所示。

图 1-44　登录翻译软件

4.　了解 DevEco Studio 界面布局并使用预览器工具预览程序界面效果

工具界面布局如图 1-45 所示。

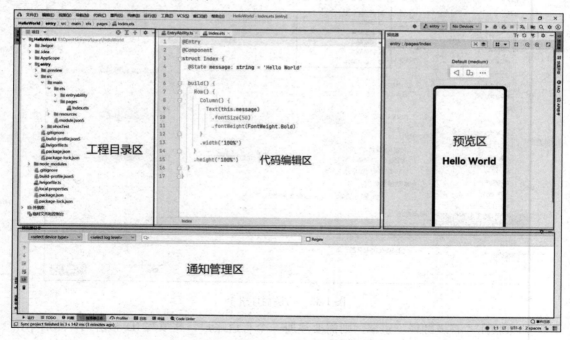

图 1-45　DevEco Studio 界面布局

（1）代码编辑区。DevEco Studio 界面的中间部分是代码编辑区，可以在这里编辑代码，以及切换显示的文件。通过按住 Ctrl 键并滚动鼠标滚轮，可以实现界面的放大与缩小。

（2）通知管理区。在编辑器底部有一行工具栏，如图 1-46 所示，下面仅介绍常用的信息栏。其中，"运行"是项目运行时的信息栏；"问题"是当前工程错误与提醒信息栏；"终端"是命令行终端，在这里执行命令行操作；"预览器日志"是预览器日志输出栏；"日志"是模拟器和真机运行时的日志输出栏。

图 1-46　通知管理区

（3）工程目录区。工程目录区如图 1-47 所示，将在后续章节详细介绍。

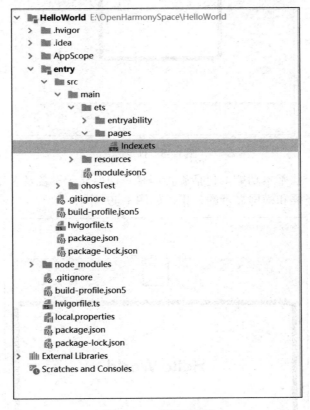

图 1-47　工程目录区

（4）预览区。预览区如图 1-48 所示，单击"预览器"按钮，可以预览相应的文件 UI 效果。

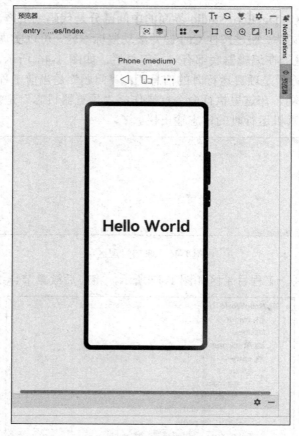

图 1-48　预览区

　　预览器提供了一些基本功能，包括旋转屏幕、切换显示设备及多设备预览等。单击旋转按钮，可以切换竖屏和横屏显示的效果，如图 1-49 所示。

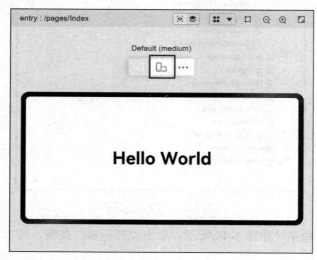

图 1-49　横屏显示

单击设备列表切换按钮，可切换显示的设备类型，如图 1-50 所示，弹出框内 Available Profiles 列表下的 Tablet 即为可用的设备类型。

如单击 Foldable 切换设备，也可以单击旋转按钮切换 Foldable 的横屏或竖屏显示模式。

打开 Multi-profile preview 开关，可以实现多设备实时预览，如图 1-51 所示。

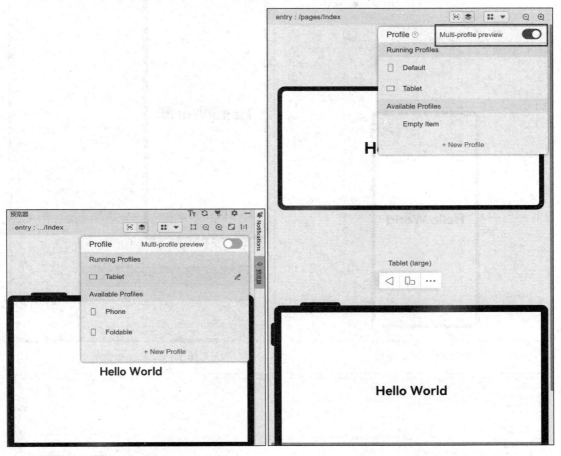

图 1-50　切换显示的设备类型　　　　图 1-51　多设备实时预览

单击预览器右上角的组件预览按钮，即可进入组件预览界面，如图 1-52 所示。

组件预览模式可以预览当前组件对应的代码块。单击相应组件，代码文件会框选对应的组件代码部分，下方则对应当前组件的基本属性，如图 1-53 所示。

整体预览效果如图 1-54 所示。

5. 真机运行

将搭载 OpenHarmony 标准系统的试验箱（见图 1-55）与计算机连接。

图 1-52　组件预览

图 1-53　组件预览效果

图 1-54　整体预览效果

图 1-55　试验箱

　　将项目发布到真机上需要签名。选择 File→Project Structure→Project→SigningConfigs 选项，在弹出的界面中选中 Automatically generate signature 复选框，如图 1-56 所示，等待自动签名完成，单击 OK 按钮。

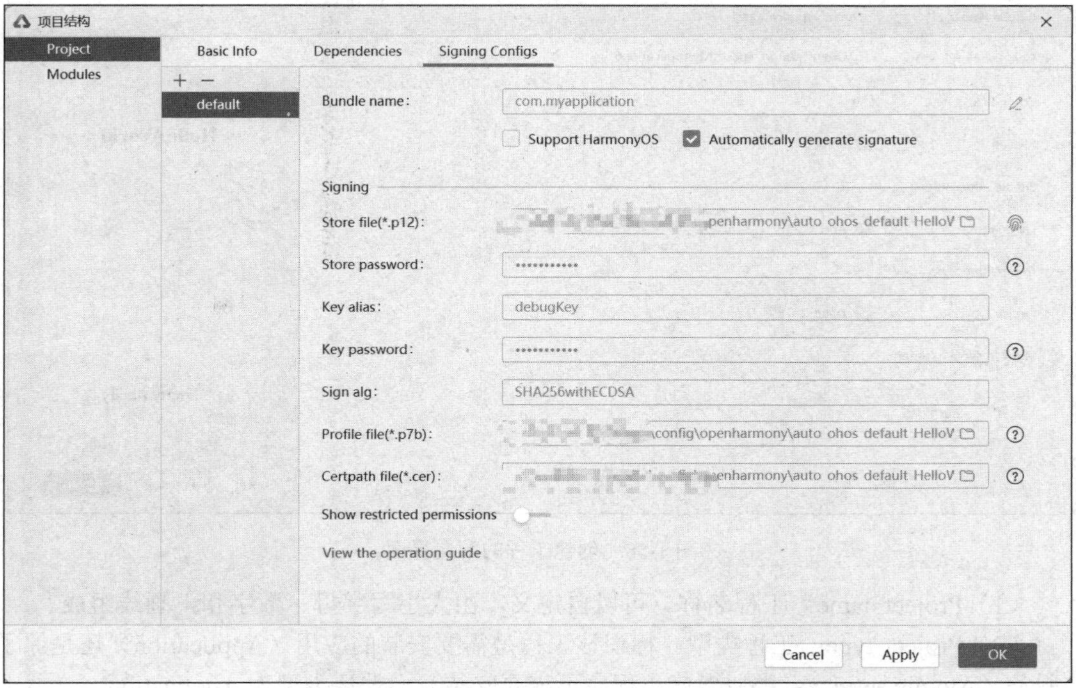

图 1-56　自动签名界面

如图 1-57 所示，在编辑窗口右上角的工具栏中，单击运行按钮，等待编译完成即可在设备上运行。

图 1-57　运行按钮

课堂实训

1. 实训目的

❖　了解 OpenHarmony 工程结构

❖　了解 OpenHarmony 第三方接口导入方法

2. 实训内容

1）OpenHarmony 工程结构

打开创建工程的配置界面，如图 1-58 所示。

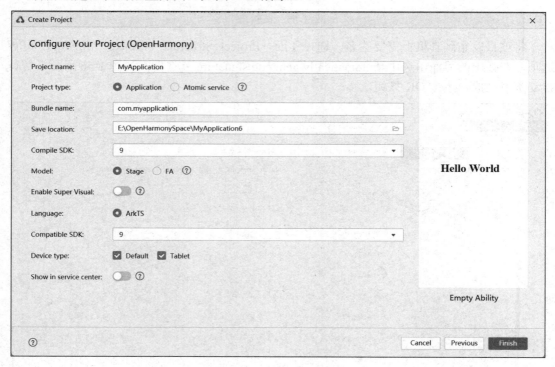

图 1-58　创建工程的配置界面

（1）Project name：工程名称。可以自定义，由大小写字母、数字和下画线组成。

（2）Project type：工程类型。标识该工程是需要安装的应用（Application）还是原子化服务（Atomic service，类似微信小程序不需要安装），默认类型为 Application。

（3）Bundle name：软件包名称。默认情况下，应用 ID 也会使用该名称，应用发布时，应用 ID 需要是唯一的。如果 Project type 选择了 Atomic service，则 Bundle name 的扩展名必须是.hmservice。

（4）Save location：工程文件本地存储路径。由大小写字母、数字和下画线等组成，不能包含中文字符。

（5）Compile SDK：编译的 SDK 版本。

（6）Model：模型。可选择 Stage 模型（Stage 模型仅支持 Compile API 9 及以上版本）或 FA 模型。

（7）Enable Super Visual：选择开发模式，部分模板支持低代码开发，可选择打开该开关。

（8）Language：开发语言。

（9）Compatible SDK：SDK 兼容的最低版本。

（10）Device type：该工程模板支持的设备类型。Default 是一个功能比较全面的 OpenHarmony 设备，具有全部的系统能力，开发者不用判断即可使用 OpenHarmony 的全部 API。

（11）Show in service center：是否在服务中心展示（服务卡片）。

Stage 工程目录结构如图 1-59 所示。

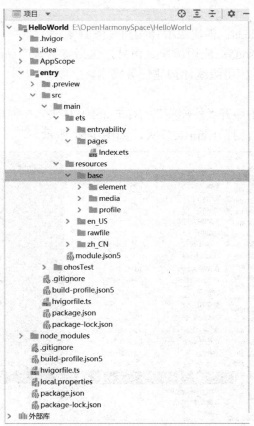

图 1-59 Stage 工程目录结构

（1）AppScope/app.json5：应用的全局配置信息。

（2）entry：OpenHarmony 工程模块，编译构建生成一个 HAP 包。

（3）src/main/ets：用于存放 ets 源代码。

（4）src/main/ets/entryability：应用/服务的入口。

（5）src/main/ets/entryability/entryability.ts：承载 Ability 的生命周期。

（6）src/main/ets/pages：EntryAbility 包含的页面。

（7）src/main/resources：用于存放应用/服务所用到的资源文件，如图形、多媒体、字符串、布局文件等。

（8）src/main/resources/base/element：包括字符串、整型数、颜色、样式等资源的.json 文件。

（9）src/main/resources/base/media：多媒体文件，如图形、视频、音频等文件，支持的文件格式包括.png、.gif、.mp3、.mp4 等。

（10）src/main/resources/base/profile：用于存储任意格式的原始资源文件。

（11）src/main/module.json5：模块配置文件，主要包含 HAP 包的配置信息、应用在具体设备上的配置信息及应用的全局配置信息。

（12）entry/build-profile.json5：当前模块信息、编译信息配置项，包括 buildOption、targets 配置等。

（13）entry/hvigorfile.ts：模块级编译构建任务脚本。

（14）build-profile.json5：应用级配置信息，包括签名、产品配置等。

（15）hvigorfile.ts：应用级编译构建任务脚本。

2）导入试验箱接口

如图 1-60 所示，单击展开"外部库"，右击 api 文件夹，在弹出的快捷菜单中选择"打开范围"→Explorer 命令，打开 api 文件夹，如图 1-61 所示。

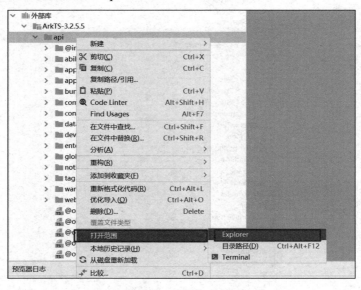

图 1-60　选择打开范围

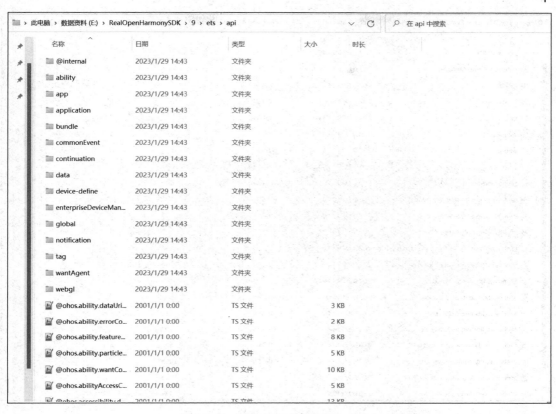

图 1-61　打开 api 文件夹

　　把 interface-jssdk3.2.5.5 文件夹中的所有试验箱接口文件（见图 1-62）复制粘贴到 api 文件夹中，如有同名文件替换请选择"是"，复制粘贴成功后的 api 文件夹如图 1-63 所示。

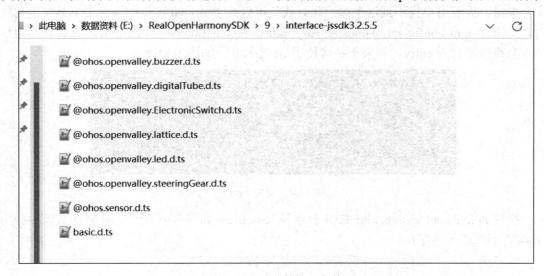

图 1-62　试验箱接口文件

名称	日期	类型	大小	时长
此电脑 › 数据资料 (E:) › RealOpenHarmonySDK › 9 › ets › api ›				
device-define	2023/1/29 14:43	文件夹		
enterpriseDeviceManager	2023/1/29 14:43	文件夹		
global	2023/1/29 14:43	文件夹		
notification	2023/1/29 14:43	文件夹		
tag	2023/1/29 14:43	文件夹		
wantAgent	2023/1/29 14:43	文件夹		
webgl	2023/1/29 14:43	文件夹		
basic.d.ts	2023/1/29 14:04	TS 文件	2 KB	
@ohos.sensor.d.ts	2023/1/29 14:04	TS 文件	48 KB	
@ohos.openvalley.steeringGear.d.ts	2023/1/29 14:04	TS 文件	1 KB	
@ohos.openvalley.led.d.ts	2023/1/29 14:04	TS 文件	1 KB	
@ohos.openvalley.lattice.d.ts	2023/1/29 14:04	TS 文件	3 KB	
@ohos.openvalley.ElectronicSwitch.d.ts	2023/1/29 14:04	TS 文件	1 KB	
@ohos.openvalley.digitalTube.d.ts	2023/1/29 14:04	TS 文件	2 KB	
@ohos.openvalley.buzzer.d.ts	2023/1/29 14:04	TS 文件	1 KB	
@ohos.ability.dataUriUtils.d.ts	2001/1/1 0:00	TS 文件	3 KB	
@ohos.ability.errorCode.d.ts	2001/1/1 0:00	TS 文件	2 KB	
@ohos.ability.featureAbility.d.ts	2001/1/1 0:00	TS 文件	8 KB	
@ohos.ability.particleAbility.d.ts	2001/1/1 0:00	TS 文件	5 KB	
@ohos.ability.wantConstant.d.ts	2001/1/1 0:00	TS 文件	10 KB	
@ohos.abilityAccessCtrl.d.ts	2001/1/1 0:00	TS 文件	5 KB	
@ohos.accessibility.d.ts	2001/1/1 0:00	TS 文件	13 KB	

图 1-63　复制粘贴成功后的 api 文件夹

3）导入第三方接口的方法

此处以 Lottie 库为例。如果直接在页面中使用 import lottie from '@ohos/lottieETS'，程序会报错，提示用户找不到这个库。此时我们可以在 Terminal 窗口中（单击工具左下角进入）先执行 npm config set @ohos:registry=https://repo.harmonyos.com/npm/，设置仓库地址（注意路径是否为 entry，如果不是请使用 cd 进入），如图 1-64 所示。

图 1-64　安装 Lottie

执行 npm install @ohos/lottieETS 命令导入 Lottie。如图 1-65 所示，此时在页面中使用 Lottie，程序就不会报错。

```
import lottie from '@ohos/lottieETS'
```

图 1-65　导入 Lottie

4）常见问题及解决方法

使用试验箱发布应用后，应用没有自动打开，或卡在进入界面。该问题可能是由当前 API 版本导致，可以按试验箱 HOME 键返回桌面，再单击要发布的应用重新打开。

项 目 小 结

本项目介绍了 OpenHarmony 的发展历程、技术特性等，简单讲解了如何搭建一个 OpenHarmony 项目，以及 OpenHarmony 项目的工程目录结构。目的是让读者对 OpenHarmony 有一个正确的认知，以及学会 OpenHarmony 项目开发的初始步骤。

习　　题

一、选择题

1. 下列关于 Full SDK 的说法正确的是（　　）。

　　A. Full SDK 和 Public SDK 是一样的，只不过 Full SDK 只能手动下载，Public SDK 可以使用工具自动下载

　　B. Public SDK 的功能更全面，可以使用系统 API

　　C. Full SDK 的功能更全面，可以使用系统 API

　　D. 蓝牙功能@ohos.bluetooth.d.ts 可以使用 Public SDK 完成开发

2. （多选题）在 OpenHarmony 的 ArkTS 项目中导入第三方库的方式有两种，分别是（　　）。

　　A. 右击项目，在弹出的快捷菜单中选择 addLibrary 命令，然后添加要使用的库

　　B. 将第三方库直接添加到项目 ExternalLibraries 中的文件夹下

　　C. 使用 npminstall 方式，从互联网下载第三方库

　　D. 将第三方库文件复制添加到项目 src 路径下

　　E. 将第三方库文件代码复制粘贴到需要使用第三方库的文件中

二、简答题

1. 简述 OpenHarmony 和 HarmonyOS 的区别。

2. 简述项目中以下文件或文件夹的作用。

（1）AppScope/app.json5。

（2）entry。

（3）src/main/module.json5。

3. 简述 OpenHarmony 的架构设计。

项目 1 答案

项目 1 代码

项目 1 课件

身体质量指数（BMI）指示器实现

本项目需要实现一个身体质量指数（body mass index，BMI）指示器，页面效果如图 2-1 所示。指示器分为两个页面，在主页中通过文本框输入被检测者的年龄、身高和体重等参数，计算出被检测者的身体质量指数，根据该指数的取值区间得到"偏瘦""正常""超重""肥胖"四个检测结果，从而为被检测者的健康情况提供参考。本实例使用容器组件 Column 在垂直方向进行占位布局，使用容器组件 Row 在水平方向进行占位布局，使用文本组件 Text 显示文本提示信息，使用文本输入框组件 TextInput 接收用户的输入信息，使用按钮组件 Button，并通过 onClick 点击事件跳转至结果显示页，将最终结果显示在该页中。

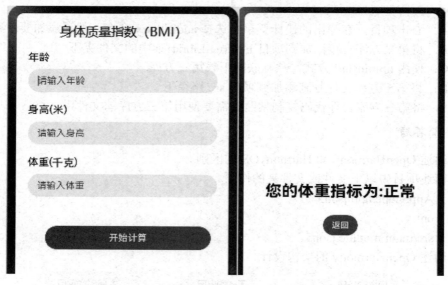

图 2-1　身体质量指数（BMI）指示器页面效果

教学导航

教学目标	知识目标： 掌握使用 ArkTS 实现 UI 布局的方法 掌握容器组件 Column 和 Row 的用法 掌握文本组件 Text 的使用方法 掌握文本输入框组件 TextInput 的使用方法 掌握按钮组件 Button 的使用方法 掌握通过 onClick 点击事件实现页面跳转的方法 掌握页面之间的数据传递方式 掌握使用 import 指令导入外部组件的方法 掌握使用 if 语句进行条件判断的方法 掌握函数声明的方式 能力目标： 具备根据需求实现页面布局并完成业务逻辑的能力 具备编写样式文件的能力 具备熟练处理事件响应的能力 具备使用代码处理页面跳转的能力 具备使用代码在组件间传递数据的能力 具备选择适当组件实现功能业务逻辑的能力 素质目标： 培养阅读鸿蒙官网开发者文档的能力 培养科学逻辑思维 培养学生的学习兴趣与创新精神 培养规范编码的职业素养
教学重点	使用 ArkTS 实现 UI 布局 容器组件 Column 与 Row 的使用 使用 TextInput 监听用户输入 使用 Button 组件实现页面跳转 页面之间的数据传递
教学难点	页面的布局与容器组件 Column 和 Row 的使用 使用 TextInput 监听用户输入 页面之间的数据传递
课时建议	10 课时

任务 1　使用容器组件 Column 与 Row 实现主页布局

任务目标

❖　掌握使用 ArkTS 实现 UI 布局的方法

❖ 掌握容器组件 Column 与 Row 的用法
❖ 掌握文本组件 Text 与文本输入框组件 TextInput 的用法
❖ 掌握按钮组件 Button 的用法
❖ 掌握 Date 时间类的日期获取方式

任务陈述

创建主页和结果显示页，使用容器组件 Column 与 Row 实现主页与结果显示页的总体布局。

知识准备

1. 容器组件 Column

Column 是沿垂直方向布局的容器组件，可作为容器包含子组件。

1）接口

接口为 Column(value?: {space?: string | number})，参数见表 2-1。

表 2-1　容器组件 Column 的接口参数

参 数 名 称	参 数 类 型	是 否 必 填	参 数 描 述
space	string | number	否	纵向布局元素垂直方向的间距。 从 API version 9 开始，space 为负数时不生效。 默认值：0

2）属性

容器组件 Column 除了支持通用属性，还支持表 2-2 中的属性。

表 2-2　容器组件 Column 的属性

属 性 名 称	参 数 类 型	参 数 描 述
alignItems	HorizontalAlign	设置子组件在水平方向上的对齐格式。 默认值：HorizontalAlign.Center
justifyContent	FlexAlign	设置子组件在垂直方向上的对齐格式。 默认值：FlexAlign.Start

示例代码见代码清单 2-1。

代码清单 2-1

```
1.    //xxx.ets
2.    @Entry
3.    @Component
4.    struct ColumnExample {
5.      build() {
6.        Column() {
```

```
7.          //设置子元素垂直方向间距为 5
8.          Text('space').fontSize(9).fontColor(0xCCCCCC).width('90%')
9.          Column({ space: 5 }) {
10.            Column().width('100%').height(30).backgroundColor(0xAFEEEE)
11.            Column().width('100%').height(30).backgroundColor(0x00FFFF)
12.          }.width('90%').height(100).border({ width: 1 })
13.
14.          //设置子元素水平方向的对齐方式
15.          Text('alignItems(Start)').fontSize(9).fontColor(0xCCCCCC).width('90%')
16.          Column() {
17.            Column().width('50%').height(30).backgroundColor(0xAFEEEE)
18.            Column().width('50%').height(30).backgroundColor(0x00FFFF)
19.          }.alignItems(HorizontalAlign.Start).width('90%').border({ width: 1 })
20.
21.          Text('alignItems(End)').fontSize(9).fontColor(0xCCCCCC).width('90%')
22.          Column() {
23.            Column().width('50%').height(30).backgroundColor(0xAFEEEE)
24.            Column().width('50%').height(30).backgroundColor(0x00FFFF)
25.          }.alignItems(HorizontalAlign.End).width('90%').border({ width: 1 })
26.
27.          Text('alignItems(Center)').fontSize(9).fontColor(0xCCCCCC).width('90%')
28.          Column() {
29.            Column().width('50%').height(30).backgroundColor(0xAFEEEE)
30.            Column().width('50%').height(30).backgroundColor(0x00FFFF)
31.          }.alignItems(HorizontalAlign.Center).width('90%').border({ width: 1 })
32.
33.          //设置子元素垂直方向的对齐方式
34.          Text('justifyContent(Center)').fontSize(9).fontColor(0xCCCCCC).width('90%')
35.          Column() {
36.            Column().width('90%').height(30).backgroundColor(0xAFEEEE)
37.            Column().width('90%').height(30).backgroundColor(0x00FFFF)
38.          }.height(100).border({ width: 1 }).justifyContent(FlexAlign.Center)
39.
40.          Text('justifyContent(End)').fontSize(9).fontColor(0xCCCCCC).width('90%')
41.          Column() {
42.            Column().width('90%').height(30).backgroundColor(0xAFEEEE)
43.            Column().width('90%').height(30).backgroundColor(0x00FFFF)
44.          }.height(100).border({ width: 1 }).justifyContent(FlexAlign.End)
45.        }.width('100%').padding({ top: 5 })
46.      }
47.  }
```

程序运行结果如图 2-2 所示。

2．容器组件 Row

Row 是沿水平方向布局的容器组件，可作为容器包含子组件。

1）接口

接口为 Row(value?:{space?: number | string })，参数见表 2-3。

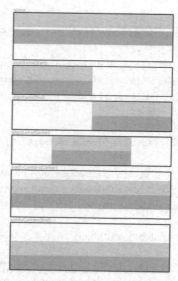

图 2-2　程序运行结果

表 2-3　容器组件 Row 的接口参数

参 数 名 称	参 数 类 型	是 否 必 填	参 数 描 述
space	string | number	否	横向布局元素水平方向的间距。 从 API version 9 开始，space 为负数时不生效。 默认值：0

2）属性

容器组件 Row 的属性见表 2-4。

表 2-4　容器组件 Row 的属性

属 性 名 称	参 数 类 型	参 数 描 述
alignItems	VerticalAlign	设置子组件在垂直方向上的对齐格式。 默认值：VerticalAlign.Center
justifyContent	FlexAlign	设置子组件在水平方向上的对齐格式。 默认值：FlexAlign.Start

示例代码见代码清单 2-2。

代码清单 2-2

```
1.    @Entry
2.    @Component
3.    struct RowExample {
4.      build() {
5.        Column({ space: 5 }) {
6.          //设置子组件水平方向的间距为5
7.          Text('space').fontSize(9).fontColor(0xCCCCCC).width('90%')
8.          Row({ space: 5 }) {
9.            Row().width('30%').height(50).backgroundColor(0xAFEEEE)
```

```
10.          Row().width('30%').height(50).backgroundColor(0x00FFFF)
11.        }.width('90%').height(107).border({ width: 1 })
12.
13.        //设置子元素垂直方向的对齐方式
14.        Text('alignItems(Bottom)').fontSize(9).fontColor(0xCCCCCC).width('90%')
15.        Row() {
16.          Row().width('30%').height(50).backgroundColor(0xAFEEEE)
17.          Row().width('30%').height(50).backgroundColor(0x00FFFF)
18.        }.width('90%').alignItems(VerticalAlign.Bottom).height('15%').border({ width: 1 })
19.
20.        Text('alignItems(Center)').fontSize(9).fontColor(0xCCCCCC).width('90%')
21.        Row() {
22.          Row().width('30%').height(50).backgroundColor(0xAFEEEE)
23.          Row().width('30%').height(50).backgroundColor(0x00FFFF)
24.        }.width('90%').alignItems(VerticalAlign.Center).height('15%').border({ width: 1 })
25.
26.        //设置子元素水平方向的对齐方式
27.        Text('justifyContent(End)').fontSize(9).fontColor(0xCCCCCC).width('90%')
28.        Row() {
29.          Row().width('30%').height(50).backgroundColor(0xAFEEEE)
30.          Row().width('30%').height(50).backgroundColor(0x00FFFF)
31.        }.width('90%').border({ width: 1 }).justifyContent(FlexAlign.End)
32.
33.        Text('justifyContent(Center)').fontSize(9).fontColor(0xCCCCCC).width('90%')
34.        Row() {
35.          Row().width('30%').height(50).backgroundColor(0xAFEEEE)
36.          Row().width('30%').height(50).backgroundColor(0x00FFFF)
37.        }.width('90%').border({ width: 1 }).justifyContent(FlexAlign.Center)
38.      }.width('100%')
39.    }
40.  }
```

程序运行结果如图 2-3 所示。

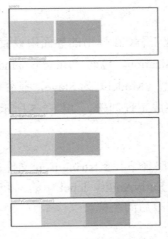

图 2-3　程序运行结果

任务实施

1. 新建工程

打开 DevEco Studio，新建一个工程并选择 OpenHarmony 的 Empty Ability（注意，这里不能选择 HarmonyOS），如图 2-4 所示。

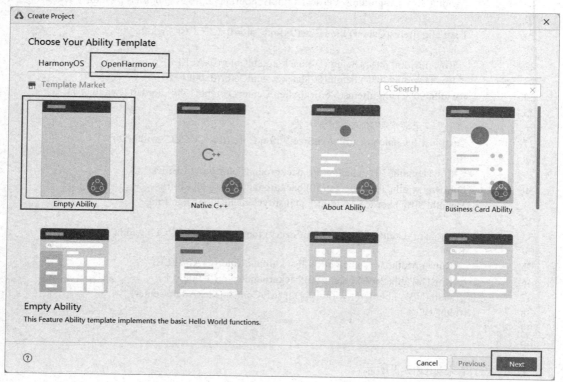

图 2-4　新建工程

单击 Next 按钮后，开始新建工程，在弹出的界面中设置工程名（Project name）为 BMI，工程类型（Project type）为 Application，包名（Bundle name）为 com.openvalley.bmi，编译版本（Compile SDK）为 9，模型（Model）为 Stage，兼容版本（Compatible SDK）为 9，设置完成后，单击 Finish 按钮完成工程创建，如图 2-5 所示。

2. 替换项目名称

在 resources/zh_CN/element 路径下找到 string.json 文件，如图 2-6 所示。

打开 string.json 文件，替换 EntryAbility_label 中的 value 内容，见代码清单 2-3。修改完成后，安装的应用就会显示修改后的名称。

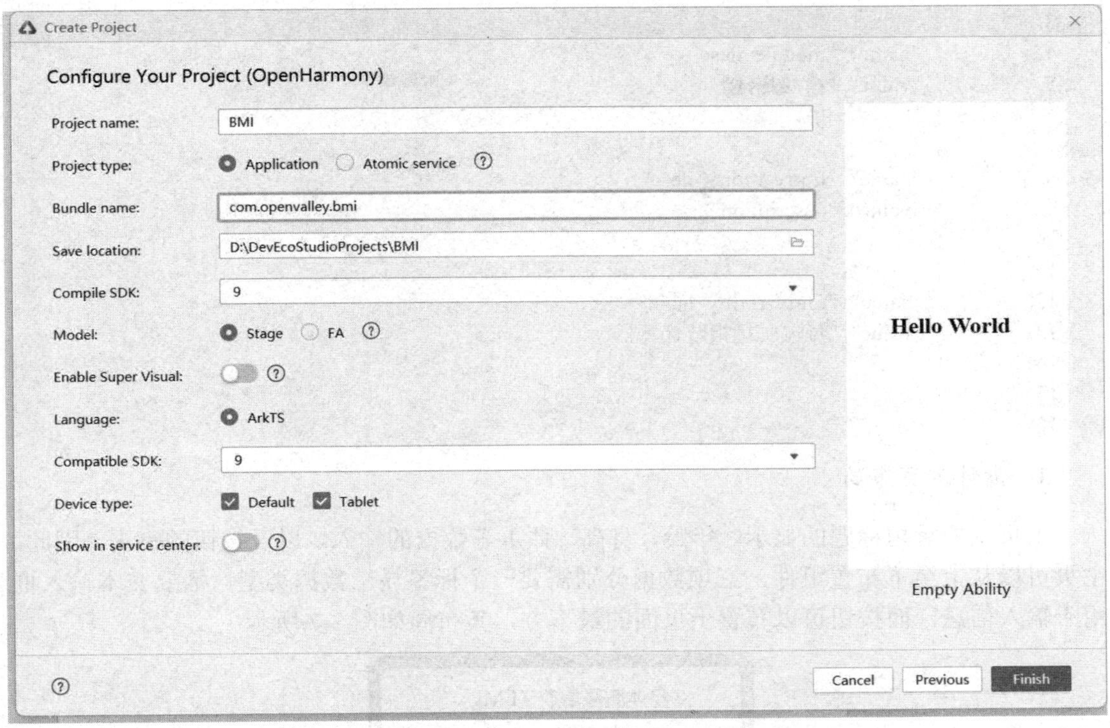

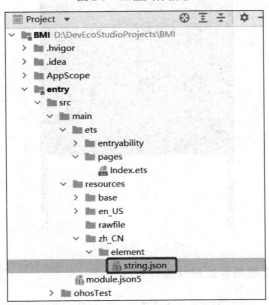

图 2-5　工程具体信息

图 2-6　string.json 文件

代码清单 2-3

```
1.    {
2.        "string": [
```

```
3.       {
4.          "name": "module_desc",
5.          "value": "模块描述"
6.       },
7.       {
8.          "name": "EntryAbility_desc",
9.          "value": "description"
10.      },
11.      {
12.         "name": "EntryAbility_label",
13.         "value": "身体质量指数计算器"
14.      }
15.    ]
16.  }
```

3. 设计主页布局

主页主要承担标题的显示，年龄、身高、体重等数据的输入，以及按钮的点击，因此，主页可以从上至下布置组件，三项数据分别需要一个标签显示数据类型，需要文本输入框用于输入信息，而按钮可以布置于页面的最下方，其布局如图 2-7 所示。

图 2-7 主页布局

4. 在 Index.ets 主页使用容器组件进行占位布局

根据上述布局设计，安排容器组件 Column 与 Row，将主页空间分为四个区域，为添加相应组件做准备。布局设计代码见代码清单 2-4。

代码清单 2-4

```
1.   @Entry
2.   @Component
```

```
3.    struct BMI{
4.      @State name: string = 'BMI 身体质量指数'
5.      build(){
6.        Column() {
7.          Text(this.name).width('100%').fontSize(23).margin({ top:20,bottom:20 })
8.            .textAlign(TextAlign.Center)
9.          Row() {
10.            Row().width('100%')
11.          }.margin(20)
12.          Row() {
13.            Row().width('100%')
14.          }.margin(20)
15.          Row() {
16.            Row().width('100%')
17.          }.margin(20)
18.          Row() {
19.            Row().width('100%')
20.          }.margin(20)
21.        }.margin({ left: 20, right: 20 }).height('100%')
22.      }
23.    }
```

5.　实现结果显示页布局

在结果显示页 Result.ets 中显示计算结果，使用容器组件 Column 与 Row 实现占位布局。结果显示页布局设计代码见代码清单 2-5。

代码清单 2-5

```
1.    @Entry
2.    @Component
3.      build() {
4.        Row() {
5.          Column() {
6.          }
7.          .width('100%')
8.        }
9.        .height('100%')
10.      }
11.    }
```

任务 2　添加显示组件实现页面布局

任务目标

- ❖　掌握常用组件的使用方法
- ❖　掌握文本组件 Text 的使用方法

- ❖ 掌握文本输入框组件 TextInput 的使用方法
- ❖ 掌握按钮组件 Button 的使用方法
- ❖ 掌握使用文本输入框组件 TextInput 监听用户输入的方法
- ❖ 掌握使用按钮组件 Button 监听点击事件的方法
- ❖ 掌握各组件中 JSON 格式属性的使用

任务陈述

1．任务描述

任务 1 已通过容器组件实现了总体布局设计，本任务将具体的显示组件放置于容器组件中，作为其子组件显示，具体任务如下。

（1）用文本组件 Text 与文本输入框组件 TextInput 显示年龄标签和年龄数据的输入。

（2）用文本组件 Text 显示最终的计算结果。

（3）为文本输入框组件 TextInput 添加 onChange 输入内容更改事件响应机制。

（4）为按钮组件 Button 添加 onClick 点击事件响应机制。

2．运行结果

主页布局运行结果如图 2-8 所示。

图 2-8　主页布局运行结果

知识准备

1．文本组件 Text

1）接口

接口为 Text(content?: string | Resource)，参数见表 2-5。

表 2-5 文本组件 Text 的接口参数

参 数 名 称	参 数 类 型	是 否 必 填	参 数 描 述
content	string | Resource	否	文本内容。包含子组件 Span 时不生效，显示 Span 内容，并且此时文本组件 Text 的样式不生效。默认值：''

2）属性

文本组件 Text 的属性见表 2-6。

表 2-6 文本组件 Text 的属性

属 性 名 称	参 数 类 型	参 数 描 述
textAlign	TextAlign	设置文本在水平方向的对齐方式
maxLines	number	设置文本的最大行数。默认值：Infinity 说明：在默认情况下，文本会自动换行，如果指定此参数，则文本不会超过指定的行。如果有多余的文本，那么可以通过 textOverflow 来指定截断方式
lineHeight	string|number|Resource	设置文本的行高，设置值不大于 0 时，不限制文本行高，自适应字体大小，Length 为 number 类型时，单位为 fp
decoration	{type:TextDecorationType, color?:ResourceColor}	设置文本装饰线的样式及颜色。默认值：{type: TextDecorationType.None, color: Color.Black}
baselineOffset	number | string	设置文本基线的偏移量，默认值：0
letterSpacing	number | string	设置文本字符间距
minFontSize	number|string| Resource	设置文本最小显示字号
maxFontSize	number|string| Resource	设置文本最大显示字号
textCase	TextCase	设置文本大小写。默认值：TextCase.Normal

2. 文本输入框组件 TextInput

1）接口

接口为 TextInput(value?:{placeholder?: ResourceStr, text?: ResourceStr, controller?: TextInputController})，参数见表 2-7。

表 2-7 文本输入框组件 TextInput 的接口参数

参 数 名 称	参 数 类 型	是 否 必 填	参 数 描 述
placeholder	ResourceStr	否	无输入时的提示文本
text	ResourceStr	否	设置输入框当前的文本内容
controller	TextInputController	否	设置 TextInput 控制器

2）属性

文本输入框组件 TextInput 除了支持通用属性，还支持表 2-8 中的属性。

表 2-8　文本输入框组件 TextInput 的属性

属 性 名 称	参 数 类 型	参 数 描 述
type	InputType	设置输入框类型。 默认值：InputType.Normal
placeholderColor	ResourceColor	设置 placeholder 颜色
placeholderFont	Font	设置 placeholder 文本样式。 —size：设置文本尺寸，Length 为 number 类型时，单位为 fp。 —weight：设置文本的字体粗细，number 类型取值为[100, 900]，取值间隔为 100，默认为 400，取值越大，字体越粗。 —family：设置文本的字体列表。使用多个字体时，用 ',' 进行分隔，优先级按顺序生效。例如 'Arial, sans-serif'。 —style：设置文本的字体格式
enterKeyType	EnterKeyType	设置输入法 Enter 键类型。 默认值：EnterKeyType.Done
caretColor	ResourceColor	设置输入框光标颜色
maxLength	number	设置文本的最大输入字符数

3）事件

文本输入框组件 TextInput 除了支持通用事件的持挂载事件 OnAppear、卸载事件 OnDisAppear，还支持表 2-9 中的事件。

表 2-9　文本输入框组件 TextInput 的事件

事 件 名 称	功 能 描 述
onChange(callback: (value: string) => void)	输入发生变化时，触发回调
onSubmit(callback:(enterKey: EnterKeyType) => void)	Enter 键触发该回调，参数为当前 Enter 键类型
onEditChange(callback:(isEditing: boolean) => void)	输入状态变化时，触发回调

示例代码见代码清单 2-6。

代码清单 2-6

```
1.    //xxx.ets
2.    @Entry
3.    @Component
4.    struct TextInputExample {
5.      @State text: string = ''
6.      controller: TextInputController = new TextInputController()
7.      build() {
8.        Column() {
9.          TextInput({ placeholder: 'input your word...', controller: this.controller })
10.            .placeholderColor(Color.Grey).placeholderFont({ size: 14, weight: 400 })
11.            .caretColor(Color.Blue)
12.            .width(400).height(40)
13.            .margin(20)
14.            .fontSize(14)
15.            .fontColor(Color.Black)
```

```
16.              .onChange((value: string) => {
17.                  this.text = value
18.              })
19.          Text(this.text)
20.          Button('Set caretPosition 1')
21.              .margin(15)
22.              .onClick(() => {
23.                  //将光标移动至第一个字符后
24.                  this.controller.caretPosition(1)
25.              })
26.          //密码输入框
27.          TextInput({ placeholder: 'input your password...' })
28.              .width(400)
29.              .height(40)
30.              .margin(20)
31.              .type(InputType.Password)
32.              .maxLength(9)
33.              .showPasswordIcon(true)
34.          //内联风格输入框
35.          TextInput({ placeholder: 'inline style' })
36.              .width(400)
37.              .height(50)
38.              .margin(20)
39.              .borderRadius(0)
40.              .style(TextInputStyle.Inline)
41.      }.width('100%')
42.      }
43.  }
```

3．按钮组件 Button

按钮组件 Button 可快速创建不同样式的按钮。

1）接口

方法 1：Button(options?: {type?: ButtonType, stateEffect?: boolean})，其参数见表 2-10。

表 2-10　按钮组件 Button 的接口参数（方法 1）

参 数 名 称	参 数 类 型	是 否 必 填	参 数 描 述
type	ButtonType	否	描述按钮显示样式。 默认值：ButtonType.Capsule
stateEffect	boolean	否	按钮按下时是否开启按压态显示效果，当设置为 false 时，按压效果关闭。 默认值：true

方法 2：Button(label?: ResourceStr, options?: { type?: ButtonType, stateEffect?: boolean })，使用文本内容创建相应的按钮组件，此时 Button 无法包含子组件，其参数见表 2-11。

表 2-11　按钮组件 Button 的接口参数（方法 2）

参 数 名 称	参 数 类 型	是 否 必 填	参 数 描 述
label	ResourceStr	否	按钮文本内容
options	{type?:ButtonType,stateEffect?:boolean }	否	—

2）属性

按钮组件 Button 的属性见表 2-12。

表 2-12　按钮组件 Button 的属性

属 性 名 称	参 数 类 型	参 数 描 述
type	ButtonType	设置 Button 样式。 默认值：ButtonType.Capsule
stateEffect	boolean	按钮按下时是否开启按压态显示效果，当设置为 false 时，按压效果关闭。 默认值：true

示例代码见代码清单 2-7。

代码清单 2-7

```
1.   //xxx.ets
2.   @Entry
3.   @Component
4.   struct ButtonExample {
5.     build() {
6.       Flex({direction:FlexDirection.Column,alignItems:ItemAlign.Start,justifyContent:
7.   FlexAlign.SpaceBetween }) {
8.         Text('Normal button').fontSize(9).fontColor(0xCCCCCC)
9.         Flex({ alignItems: ItemAlign.Center, justifyContent: FlexAlign.SpaceBetween }) {
10.          Button('OK',{type:ButtonType.Normal,stateEffect: true }).borderRadius(8)
11.            .backgroundColor(0x317aff).width(90)
12.          Button({ type: ButtonType.Normal, stateEffect: true }) {
13.            Row() {
14.              LoadingProgress().width(20).height(20).margin({ left: 12 }).color(0xFFFFFF)
15.              Text('loading').fontSize(12).fontColor(0xffffff).margin({ left: 5, right: 12 })
16.            }.alignItems(VerticalAlign.Center)
17.          }.borderRadius(8).backgroundColor(0x317aff).width(90).height(40)
18.
19.          Button('Disable', { type: ButtonType.Normal, stateEffect: false }).opacity(0.4)
20.            .borderRadius(8).backgroundColor(0x317aff).width(90)
21.        }
22.        Text('Capsule button').fontSize(9).fontColor(0xCCCCCC)
23.        Flex({ alignItems: ItemAlign.Center, justifyContent: FlexAlign.SpaceBetween }) {
24.          Button('OK',{type:ButtonType.Capsule,stateEffect: true }).backgroundColor(0x317aff)
25.            .width(90)
26.          Button({ type: ButtonType.Capsule, stateEffect: true }) {
27.            Row() {
28.              LoadingProgress().width(20).height(20).margin({ left: 12 }).color(0xFFFFFF)
29.              Text('loading').fontSize(12).fontColor(0xffffff).margin({ left: 5, right: 12 })
```

```
30.          }.alignItems(VerticalAlign.Center).width(90).height(40)
31.        }.backgroundColor(0x317aff)
32.        Button('Disable', { type: ButtonType.Capsule, stateEffect: false }).opacity(0.4)
33.          .backgroundColor(0x317aff).width(90)
34.      }
35.      Text('Circle button').fontSize(9).fontColor(0xCCCCCC)
36.      Flex({ alignItems: ItemAlign.Center, wrap: FlexWrap.Wrap }) {
37.        Button({ type: ButtonType.Circle, stateEffect: true }) {
38.          LoadingProgress().width(20).height(20).color(0xFFFFFF)
39.        }.width(55).height(55).backgroundColor(0x317aff)
40.        Button({ type: ButtonType.Circle, stateEffect: true }) {
41.          LoadingProgress().width(20).height(20).color(0xFFFFFF)
42.        }.width(55).height(55).margin({ left: 20 }).backgroundColor(0xF55A42)
43.      }
44.    }.height(400).padding({ left: 35, right: 35, top: 35 })
45.  }
46. }
```

程序运行结果如图 2-9 所示。

图 2-9　程序运行结果

任务实施

1. 为主页添加显示组件

在主页 index.tes 已有的布局容器中添加对应的文本组件 Text、文本输入框组件 TextInput 和按钮组件 Button，为文本输入框组件 TextInput 添加 onChange 事件监听机制，监听用户输入行为，为按钮组件 Button 添加 onClick 事件监听机制，监听用户的点击事件。具体代码见代码清单 2-8。

代码清单 2-8

```
1.     //Index.ets
2.     import router from '@ohos.router';
3.     @Entry
4.     @Component
5.     struct BMI{
6.       @State name: string = '身体质量指数（BMI）'
7.       build(){
8.         Column() {
9.           Text(this.name).width('100%').fontSize(23).margin({ top:20,bottom:20 })
10.            .textAlign(TextAlign.Center)
11.          Text('年龄').width('100%').margin({bottom:10}).fontSize(18)
12.          TextInput({
13.            placeholder: "请输入年龄",
14.          }).margin({bottom:20})
15.            .onChange((value:string)=>{
16.              this.age = Number.parseInt(value);
17.            })
18.          Text('身高(米)').width('100%').margin({bottom:10}).fontSize(18)
19.          TextInput({
20.            placeholder: "请输入身高",
21.          }).margin({ bottom: 20 })
22.            .onChange((value:string)=>{
23.            this.high = Number.parseFloat(value);
24.            })
25.          Text('体重(千克)').width('100%').margin({bottom:10}).fontSize(18)
26.          TextInput({
27.            placeholder: "请输入体重",
28.          }).margin({ bottom: 20 })
29.          .onChange((value:string)=>{
30.          this.weight = Number.parseFloat(value);
31.          })
32.          Row() {
33.            Button('开始计算').margin(10).onClick(() => {
34.              this.calculate()
35.            }).width('100%')
36.          }.margin(20)
37.        }.margin({ left: 20, right: 20 })
38.        .height('100%')
39.       }
40.     }
```

2. 为结果显示页添加显示组件

结果显示页主要用来显示计算后的结果，为文本组件 Text 添加 onAppear 事件，使文本组件 Text 出现后就显示计算结果。具体代码见代码清单 2-9。

代码清单 2-9

```
1.     //Result.ets
```

```
2.      @Entry
3.      @Component
4.      struct Result {
5.        @State message: string = 'BMI 结果'
6.        @State body : number = 0
7.        build() {
8.          Row() {
9.            Column() {
10.             Text('您的体重指标为:'+this.message)
11.               .fontSize(30)
12.               .fontWeight(FontWeight.Bold)
13.              .margin({bottom:30})
14.            )
15.            Button('返回')
16.              .onClick(()=>{
17.            })
18.          }
19.          .width('100%')
20.        }
21.        .height('100%')
22.      }
23.   }}
```

任务 3   计算并显示结果

任务目标

❖ 使用页面路由@ohos.router 实现页面跳转
❖ 自定义函数计算身体质量指数
❖ 使用文本组件的 onAppear 事件机制显示结果
❖ 实现页面之间的数据传递
❖ 使用@State 装饰变量
❖ 使用模板字符串

任务陈述

　　在主页中收集用户输入的年龄、身高和体重等数据，计算出结果后发送到结果显示页进行显示。

　　（1）在文本输入框组件 TextInput 的 onChange 事件中收集用户数据，并赋给相应变量。

　　（2）使用@State 修饰变量。

　　（3）自定义函数计算身体质量指数。

　　（4）通过 router 路由发送数据至结果显示页。

（5）结果显示页接收数据，并自定义函数判断结果。

知识准备

1. 页面路由@ohos.router

页面路由@ohos.router 通过不同的 URL 来访问不同的页面，包括跳转到应用内的指定页面、返回上一页面或指定的页面、清空页面栈中的所有历史页面等。

需要导入模块 import router from '@ohos.router'。

1）router.pushUrl 方法

router.pushUrl 方法的代码如下。

```
pushUrl(options: RouterOptions): Promise<void>
```

使用 router.pushUrl 方法可以跳转到应用内的指定页面，其参数见表 2-13，返回值见表 2-14。

表 2-13　router.pushUrl 方法的参数

参 数 名 称	类　　型	是 否 必 填	参 数 描 述
options	RouterOptions	是	跳转页面描述信息

表 2-14　router.pushUrl 方法的返回值

类　　型	说　　明
Promise<void>	异常返回结果

2）router.back 方法

router.back 方法的代码如下。

```
back(options?: RouterOptions ): void
```

使用 router.back 方法可以返回上一页面或指定的页面。

router.back 方法的参数见表 2-15。

表 2-15　router.back 方法的参数

参 数 名 称	类　　型	是 否 必 填	参 数 描 述
options	RouterOptions	否	返回页面描述信息，其中参数 url 指路由跳转时会返回到指定 url 的界面，若页面栈上没有 url 页面，则不响应该情况。若 url 未设置，则返回上一页面，页面栈里的 page 不会被回收，出栈后会被回收

3）router.clear 方法

router.clear 方法的代码如下。

```
clear(): void
```

使用 router.clear 方法可以清空页面栈中的所有历史页面，仅保留当前页面作为栈顶页面。

2. @State 装饰变量

@State 装饰变量是组件内部的状态数据，当这些状态数据被修改时，将会调用所在组件的 build 方法进行 UI 刷新。

@State 状态数据的特征如下。

（1）支持多种类型：允许强类型 class、number、boolean、string 的按值和按引用类型，以及 Array<class>、Array<string>、Array<boolean>、Array<number>等数组。不允许 object 和 any。

（2）支持多实例：组件中不同实例的内部状态数据独立。

（3）内部私有：标记为@State 的属性不能直接在组件外部修改。它的生命周期取决于它所在的组件。

（4）需要本地初始化：必须为所有@State 变量分配初始值，原因是变量保持未初始化可能导致框架行为未定义。

（5）创建自定义组件时支持通过状态变量名设置初始值：在创建组件实例时，可以通过变量名显式指定@State 状态属性的初始值。

示例代码见代码清单 2-10。

代码清单 2-10

```
1.    @Entry
2.    @Component
3.    struct MyComponent {
4.        @State count: number = 0
5.    //MyComponent provides a method for modifying the @State status data member.
6.        private toggleClick() {
7.            this.count += 1
8.        }
9.        build() {
10.        Column() {
11.          Button() {
12.            Text(`click times: ${this.count}`)
13.                .fontSize(20)
14.                .width(150)
15.          }.onClick(()=>{
16.              this.toggleClick.bind(this)})
17.        }
18.      }
19.    }
```

3. 模板字符串

模板字符串是允许嵌入表达式的字符串（可以使用多行字符串和字符串插值功能），与普通字符串相比没有太大差别，但模板字符串便于字符串的连接使用，同时模板字符串中的表达式可以进行函数的调用、数组的选取等操作，这是普通字符串不具备的。

任务实施

1. 在主页中定义相关变量收集用户输入的数据

在主页中使用@State 装饰变量，通过文本输入框组件 TextInput 收集用户输入的数据，并赋给对应的变量，在自定义函数中，通过计算变量得到身体质量指数，并将该指数通过页面路由@ohos.router 发送到结果显示页。具体代码见代码清单 2-11。

代码清单 2-11

```
1.   //Index.ets
2.   import router from '@ohos.router';
3.   @Entry
4.   @Component
5.   struct BMI{
6.     @State name: string ='身体质量指数（BMI）'
7.     @State age : number = 0
8.     @State high: number = 0
9.     @State weight: number = 0
10.    @State result:number = 0
11.
12.    private calculate(){
13.      this.result = this.weight / (this.high * this.high);
14.      router.push({
15.        url: 'pages/Result',
16.        params:{bodyData:this.result}
17.      })
18.    }
19.    build(){
20.      Column() {
21.        Text(this.name).width('100%').fontSize(23)
22.          .margin({ top:20,bottom:20 }).textAlign(TextAlign.Center)
23.        Text('年龄').width('100%').margin({bottom:10}).fontSize(18)
24.        TextInput({
25.          placeholder: "请输入年龄",
26.        }).margin({bottom:20})
27.          .onChange((value:string)=>{
28.            this.age = Number.parseInt(value);
29.          })
30.        Text('身高(米)').width('100%').margin({bottom:10}).fontSize(18)
31.        TextInput({
32.          placeholder: "请输入身高",
33.        }).margin({ bottom: 20 })
34.          .onChange((value:string)=>{
35.            this.high = Number.parseFloat(value);
36.          })
37.        Text('体重(千克)').width('100%').margin({bottom:10}).fontSize(18)
38.        TextInput({
```

```
39.          placeholder: "请输入体重",
40.        }).margin({ bottom: 20 })
41.        .onChange((value:string)=>{
42.        this.weight = Number.parseFloat(value);
43.        })
44.        Row() {
45.          Button('开始计算').margin(10).onClick(() => {
46.            this.calculate()
47.          }).width('100%')
48.        }.margin(20)
49.      }.margin({ left: 20, right: 20 })
50.      .height('100%')
51.    }
52.  }
```

程序运行结果如图 2-10 所示。

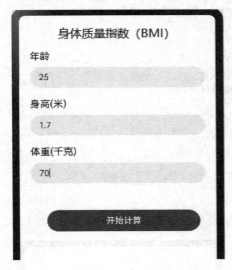

图 2-10　程序运行结果（主页）

2. 在结果显示页中接收数据并判断后显示结果

在结果显示页中接收从主页发送来的计算数据，自定义函数根据计算结果的取值区间
判断健康情况，使用 if...else 语句对取值区间进行判断，并将判断结果通过文本组件 Text
显示出来，具体代码见代码清单 2-12。

代码清单 2-12

```
1.    import router from '@ohos.router'
2.    @Entry
3.    @Component
4.    struct Result {
5.      @State message: string = 'BMI 结果'
6.      @State body : number = 0
7.      private judge(){
```

```
8.          this.body = router.getParams()['bodyData'];
9.          if (this.body <18.4) {
10.           this.message = '偏瘦'
11.          }else if(this.body < 24){
12.           this.message = '正常'
13.          }else if(this.body <28){
14.           this.message = '超重'
15.          }else{
16.           this.message = '肥胖'
17.          }
18.        }
19.      build() {
20.        Row() {
21.          Column() {
22.           Text('您的体重指标为:'+this.message).fontSize(30)
23.             .fontWeight(FontWeight.Bold).margin({bottom:30})
24.             .onAppear(()=>{
25.               this.judge()
26.             })
27.           Button('返回')
28.             .onClick(()=>{
29.               router.back()
30.             })
31.          }
32.          .width('100%')
33.        }
34.        .height('100%')
35.        }
36.      }
```

程序运行结果如图 2-11 所示。

图 2-11   程序运行结果（结果显示页）

项 目 小 结

　　本项目实现了身体质量指数（BMI）指示器，该指示器由两个页面组成，在主页中使用了容器组件 Column 和 Row，对页面进行总体布局，使用文本输入框组件 TextInput 获取用户输入的年龄、身高和体重等信息，使用文本组件 Text 显示文本标签，使用按钮组件 Button 的 onClick 点击事件实现页面跳转。使用页面路由@ohos.router 将页面跳转到结果显示页，在结果显示页中通过文本组件 Text 的 onApear 事件，调用自定义函数对结果进行计算并在页面加载后显示出最终结果。

　　本项目使用了 Column、Row、Button、TextInput、Text、@ohos.router、@State 等组件和装饰器，以及 Button 的 onClick 事件、TextInput 的 onChange 事件、Text 的 onApear 事件，并对它们进行了综合应用。

习 　 题

一、选择题

1．下列选项中，（　　）是按钮组件 Button 调用接口中的参数。
　　A．stateEffect　　　　B．color　　　　　　C．onClick　　　　　　D．return
2．关于容器组件 Row，下列描述正确的是（　　）。
　　A．沿垂直方向布局，可以包含子组件
　　B．沿水平方向布局，可以包含子组件
　　C．沿垂直方向布局，不可以包含子组件
　　D．沿水平方向布局，不可以包含子组件
3．下列选项中，（　　）是页面路由的正确导入语句。
　　A．import router from'router'　　　　　　B．import router from'@ohos.os'
　　C．import router from'@ohos.router'　　　D．import router from'@arkts.router'
4．下列选项中，（　　）是文本输入框组件 TextInput 调用接口中的参数。
　　A．height　　　　B．placeholder　　C．length　　　　　　D．color

二、填空题

1．线性布局是开发中最常用的布局，子组件在_____和_____方向上线性排列。
2．Button 的 type 参数属性 ButtonType 类型，其值有_____、_____和_____三种可选。
3．组件被点击时触发的事件是_____事件。

项目 2 答案　　　　　项目 2 代码　　　　　项目 2 课件

项 3 目

旋转风车实现

本项目需要实现一个简单的旋转风车应用。该应用通过两个 Slider 组件分别控制屏幕上方风车的旋转速度和大小。通过该项目的学习，读者可以掌握 Slider 组件、Image 组件、Toast 页面、自定义组件的封装、页面的生命周期、程序调试与日志查看的基本用法，以及在 OpenHarmony 中控制组件的方法。旋转风车页面效果如图 3-1 所示。

图 3-1　旋转风车页面效果

教学导航

教学目标	知识目标： 掌握 Slider 组件的基本用法 掌握 Image 组件的基本用法 掌握 Toast 页面的基本用法 掌握 HiLog 与 console 日志调试与查看的方法 掌握@Builder 装饰器的用法 掌握 setInterver 定时器函数的用法 掌握页面生命周期的调用方法 能力目标： 具备使用各组件的能力 具备使用页面交互提示的能力 具备使用 HiLog 与 console 日志调试的能力 具备根据业务场景自定义封装组件的能力 具备使用页面生命周期函数的能力 素质目标： 培养阅读鸿蒙官网开发者文档的能力 培养科学逻辑思维 培养学生的学习兴趣与创新精神 培养规范编码的职业素养
教学重点	ArkTS 中 Slider、Image 组件的用法 ArkTS 中自定义封装组件的用法 ArkTS 中 HiLog 与 console 日志调试与查看的方法
教学难点	对页面生命周期的理解 自定义组件的封装
课时建议	10 课时

任务 1　使用 Image 组件显示风车图片

任务目标

- ❖　掌握用 ArkTS 实现 UI 布局的方法
- ❖　掌握 Image 组件的用法
- ❖　掌握 Image 组件网络图片的用法

任务陈述

1.　任务描述

使用 Image 组件相关属性，将风车图片居中显示在屏幕正上方，完成如下功能：

（1）在 resources 文件夹下新建 rawfile 子文件夹并将准备好的风车图片资源复制到该子文件夹下。

（2）使用 Image 组件相关属性，将图片显示在界面的合适位置。

2．运行结果

风车图片显示位置运行结果如图 3-2 所示。

图 3-2　风车图片显示位置运行结果

知识准备

Image 为图片组件，用于渲染展示图片。使用网络图片时，需要申请权限 ohos.permission.INTERNET。

在使用图片组件时，需要了解图片组件相关接口、属性和事件，本任务用到的图片组件接口、属性和事件的相关说明见表 3-1、表 3-2 和表 3-5。

1．接口

接口为 Image(src: string | PixelMap | Resource)，参数见表 3-1。

表 3-1　Image 组件的接口参数

参 数 名 称	参 数 类 型	是否必填	默 认 值	参 数 描 述
src	string|PixelMap|Resource	是	—	图片的数据源，支持本地图片和网络图片。当使用相对路径引用图片资源时，如 Image ("common/test.jpg")，不支持该 Image 组件被跨包/跨模块调用，建议使用$r 方式来管理需全局使用的图片资源。 —支持的图片格式包括.png、.jpg、.bmp、.svg 和.gif。 —支持 Base64 字符串。格式为 data:image/[png|jpeg|bmp|webp];base64,[base64 data]，其中[base64 data]为 Base64 字符串数据。 —支持 dataAbility://路径前缀的字符串，用于访问通过 dataAbility 提供的图片路径。 —支持 file:///data/storage 路径前缀的字符串，用于读取本应用安装目录下 files 文件夹下的图片信息，但需要保证目录包路径下的文件有可读权限

2. 属性

Image 组件的属性见表 3-2。

表 3-2　Image 组件的属性

属 性 名 称	参 数 类 型	默 认 值	参 数 描 述
alt	string|Resource	—	加载时显示的占位图。仅支持本地图片
objectFit	ImageFit	Cover	设置图片的缩放类型
objectRepeat	ImageRepeat	NoRepeat	设置图片的重复样式。 —.svg 类型的图源不支持该属性
interpolation	ImageInterpolation	None	设置图片的插值效果，即减轻低清晰度图片在放大显示时出现的锯齿问题，仅针对图片放大插值。 —.svg 类型的图源不支持该属性。 —PixelMap 资源不支持该属性
renderMode	ImageRenderMode	Original	设置图片渲染的模式。 —.svg 类型的图源不支持该属性
sourceSize	{width:number, height:number }	—	设置图片解码尺寸，将原始图片解码成指定尺寸的图片，number 类型的单位为 px。 —PixelMap 资源不支持该属性
matchTextDirection	boolean	false	设置图片是否跟随系统语言方向，在 RTL 语言环境下显示镜像翻转效果
fitOriginalSize	boolean	true	图片组件尺寸未设置时,其显示尺寸是否跟随图源尺寸

续表

属 性 名 称	参 数 类 型	默 认 值	参 数 描 述
fillColor	ResourceColor	—	仅对.svg 图源生效，设置后会替换.svg 图片的 fill 颜色
autoResize	boolean	true	是否需要在图片解码过程中对图源进行 Resize 操作，该操作会根据显示区域的尺寸决定用于绘制的图源尺寸，有利于减少内存的占用
syncLoad8+	boolean	false	设置是否同步加载图片，默认是不同步加载。同步加载时会阻塞 UI 线程，不会显示占位图

📖说明：图片设置.svg 图源时，支持的标签范围有限，目前支持的 svg 标签包括 svg、rect、circle、ellipse、path、line、polyline、polygon、animate、animateMotion、animateTransform。

ImageInterpolation 枚举见表 3-3。

表 3-3　ImageInterpolation 枚举

名 　 称	功 能 描 述
None	不使用插值图片数据
High	高度使用插值图片数据，可能会影响图片渲染的速度
Medium	中度使用插值图片数据
Low	低度使用插值图片数据

ImageRenderMode 枚举见表 3-4。

表 3-4　ImageRenderMode 枚举

名 　 称	功 能 描 述
Original	按照原图进行渲染，包括颜色
Template	将图像渲染为模板图像，忽略图片的颜色信息

3. 事件

Image 组件的事件见表 3-5。

表 3-5　Image 组件的事件

事 件 名 称	功 能 描 述
onComplete(callback:(event?:{width:number, height: number, componentWidth: number, componentHeight: number, loadingStatus: number})=>void)	图片成功加载时触发该回调，返回成功加载的图源尺寸
onError(callback:(event?:{componentWidth: number,componentHeight:number})=>void)	图片加载出现异常时触发该回调
onFinish(event:()=>void)	当加载的源文件为带动态效果的.svg 图片时，当 svg 动态效果播放完成时会触发该回调，如果动态效果为无限循环动态效果，则不会触发该回调

任务实施

1. 新建工程

打开 DevEco Studio，新建一个工程并选择 OpenHarmony 的 Empty Ability（注意，这里不能选择 HarmonyOS）。

单击 Next 按钮后，开始新建工程，在弹出的界面中设置工程名为 RotaryWindMill，工程类型为 Application，包名为 com.openvalley.rotarywindmill，编译版本为 9，模型为 Stage，兼容版本为 9。设置完成后，单击 Finish 按钮完成工程创建，如图 3-3 所示。

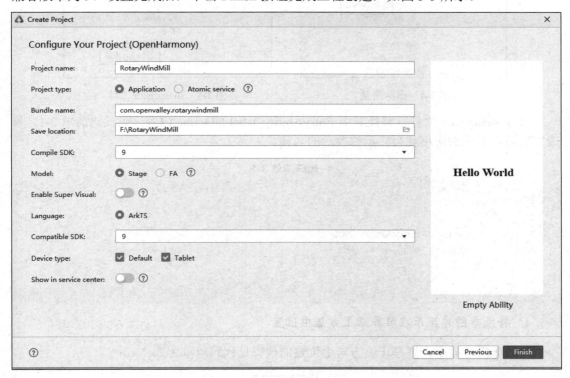

图 3-3　工程具体信息

2. 替换项目显示的图标

要替换安装和启动图标，在 resources/base/media 路径下，找到 icon.png 文件，如图 3-4 所示。保持 icon.png 文件名不变，替换图片即可。可以在 https://www.iconfont.cn/search/index 中下载自己喜欢的图片，图片的尺寸为 114×114。

3. 替换项目显示的名称

在 resources/zh_CN/element 路径下找到 string.json 文件，如图 3-5 所示。

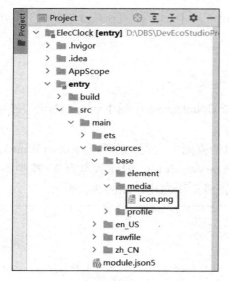

图 3-4　图标路径

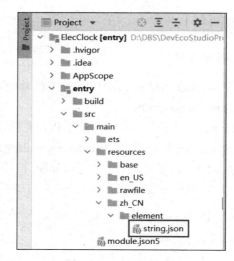

图 3-5　string.json 文件

　　打开 string.json 文件，替换其中 EntryAbility_label 的 value 内容，见代码清单 3-1。修改完成后，安装的应用就会显示修改后的名称。

代码清单 3-1

```
1.    {
2.      "string": [
3.        {
4.          "name": "EntryAbility_label",
5.          "value": "旋转风车"
6.        }
7.      ]
8.    }
```

4. 将风车图片显示在屏幕正上方居中位置

将风车图片显示在屏幕正上方居中位置的代码见代码清单 3-2。

代码清单 3-2

```
1.   //图 3-2 的程序代码
2.   @Entry
3.   @Component
4.   struct Index {
5.     build() {
6.       Column() {
7.         Image($rawfile('fengche.png'))          //图片组件
8.           .objectFit(ImageFit.Contain)          //设置图片缩放类型
9.           .height(200)                          //图片的高
10.          .width(200)                           //图片的宽
11.          .margin({ top: 100, bottom: 100, left: 100 })  //图片外边距
12.        }
```

```
13.      }
14.  }
```

5. 定义风车的旋转角度、旋转速度和缩放比例

　　在 Image 组件中设置了很多属性，如 height、width 等，这些都是使用静态值设置的，而旋转角度（this.angle）和缩放比例（this.imageSize）则使用变量进行设置，这也是 OpenHarmony 控制组件的方式。OpenHarmony 采用了将变量值与某个属性绑定的方式控制设置或获取组件的属性值，所以要想修改组件的某个属性值，不需要获取组件对象本身，而是直接修改与该属性绑定的变量，具体代码见代码清单 3-3。

代码清单 3-3

```
1.   //定义风车的相关变量（第5~8行）
2.   @Entry
3.   @Component
4.   struct Index {
5.       @State private speed: number = 5          //风车的旋转速度
6.       @State private imageSize: number = 1      //风车的缩放比例
7.       @State private angle: number = 0          //风车的旋转角度
8.       @State private interval: number = 0       //定时器时间
9.
10.      build() {
11.        Column() {
12.          Image($rawfile('fengche.png'))        //图片组件
13.            .objectFit(ImageFit.Contain)        //设置图片缩放类型
14.            .height(200)                        //图片的高
15.            .width(200)                         //图片的宽
16.            .margin({ top: 100, bottom: 100, left: 100 })  //图片外边距
17.        }
18.      }
19.  }
```

任务 2　实现拖动进度条控制风车的旋转速度与缩放比例

任务目标

- ❖ 掌握 ArkTS 组件的常用属性
- ❖ 掌握动态 UI 的编写方法
- ❖ 掌握 Slider 组件的用法
- ❖ 掌握 Toast 页面提示的用法
- ❖ 掌握 HiLog 与 console 日志调试与查看的方法

任务陈述

1. 任务描述

本任务需要完成如下功能。

（1）通过拖动速度进度条控制风车的旋转速度。

（2）通过拖动缩放比例进度条控制风车图片显示的大小。

（3）通过点击"显示相关信息"按钮显示当前各进度条的数值。

2. 运行结果

进度条显示结果如图 3-6 所示。

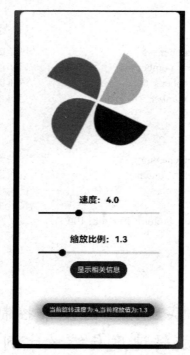

图 3-6 进度条显示结果

知识准备

Slider 为滑动条组件，通常用于快速调节设置值，如音量调节、亮度调节等，无子组件。

在使用图片组件时，需要了解图片组件相关接口、属性和事件，本任务用到的图片组件接口、属性和事件的相关说明见表 3-6、表 3-8 和表 3-9。

1. 接口

接口为 Slider(options?:{value?: number, min?: number, max?: number, step?: number, style?: SliderStyle, direction?: Axis, reverse?: boolean}),参数见表 3-6。

表 3-6 Slider 组件的接口参数

参 数 名 称	参 数 类 型	是 否 必 填	参 数 描 述
value	number	否	当前进度值。 默认值：0
min	number	否	设置最小值。 默认值：0
max	number	否	设置最大值。 默认值：100
step	number	否	设置 Slider 滑动步长。 默认值：1 取值范围：[0.01, max]
style	SliderStyle	否	设置 Slider 的滑块与滑轨显示样式。 默认值：SliderStyle.OutSet
direction8+	Axis	否	设置进度条滑动方向为水平或竖直方向。 默认值：Axis.Horizontal
reverse8+	boolean	否	设置进度条取值范围是否反向，横向 Slider 默认为从左往右滑动，竖向 Slider 默认为从上往下滑动。 默认值：false

SliderStyle 枚举见表 3-7。

表 3-7 SliderStyle 枚举

名　　称	功 能 描 述
OutSet	滑块在滑轨上
InSet	滑块在滑轨内

2. 属性

Slider 组件支持除触摸热区以外的通用属性设置，其属性见表 3-8。

表 3-8 Slider 组件的属性

属 性 名 称	参 数 类 型	参 数 描 述
blockColor	ResourceColor	设置滑块的颜色
trackColor	ResourceColor	设置滑轨的背景颜色
selectedColor	ResourceColor	设置滑轨的已滑动颜色
showSteps	boolean	设置当前是否显示步长刻度值。 默认值：false
showTips	boolean	设置滑动时是否显示百分比气泡提示。 默认值：false
trackThickness	Length	设置滑轨的粗细
maxLabel	string	设置最大标签
minLabel	string	设置最小标签

3. 事件

通用事件仅支持挂载事件 onAppear、卸载事件 onDisAppear，此外还支持 onChage 事件，见表 3-9。

表 3-9　Slider 组件的事件

事　件　名　称	功　能　描　述
onChange(callback:(value:number,mode: SliderChangeMode)=>void)	callback：滑动时触发事件回调。 value：当前滑动进度值，若返回值有小数，可使用 Math.toFixed 方法将数据处理为预期的精度。 mode：拖动状态

SliderChangeMode 枚举见表 3-10。

表 3-10　SliderChangeMode 枚举

名　　称	值	功　能　描　述
Begin	0	开始拖动滑块
Moving	1	正在拖动滑块
End	2	结束拖动滑块
Click	3	点击进度条使滑块位置移动

任务实施

1. 将进度条放置在风车下方居中位置

具体代码见代码清单 3-4。

代码清单 3-4

```
1.    //图3-6 显示进度条组件的程序代码（第18～42行）
2.    @Entry
3.    @Component
4.    struct Index {
5.        @State private speed: number = 5          //风车的旋转速度
6.        @State private imageSize: number = 1      //风车的缩放比例
7.        @State private angle: number = 0          //风车的旋转角度
8.        @State private interval: number = 0       //定时器时间
9.        build() {
10.         Column() {
11.           Image($rawfile('fengche.png'))        //图片组件
12.             .objectFit(ImageFit.Contain)        //设置图片缩放类型
13.             .height(200)                        //图片的高
14.             .width(200)                         //图片的宽
15.             .margin({ top: 100, bottom: 100, left: 20 })  //图片外边距
16.           Text('当前速度：'+this.speed).fontColor(Color.Black)
17.             .fontWeight(FontWeight.Bold).fontSize(20)
18.           Slider({
```

```
19.        value: this.speed,
20.          min: 1,
21.          max: 10,
22.          step: 1,
23.          style: SliderStyle.OutSet
24.        })
25.          .showTips(true)
26.          .blockColor(Color.Blue)
27.      Text('当前缩放比：'+this.imageSize).fontColor(Color.Black)
28.          .fontWeight(FontWeight.Bold).fontSize(20)
29.      //用于控制缩放比例
30.      Slider({
31.          value: this.imageSize,
32.          min: 0.5,
33.          max: 4.5,
34.          step: 0.1,
35.          style: SliderStyle.OutSet
36.        })
37.          .showTips(true)
38.          .blockColor(Color.Red)
39.      }
40.      .margin({ left: 30, right: 30 })
41.      }
42.  }
```

2.　添加显示相关信息的按钮，点击按钮进行 Toast 提示

具体代码见代码清单 3-5。

代码清单 3-5

```
1.   import prompt from '@ohos.prompt';
2.   //图 3-6 显示进度条组件的程序代码（第 42～47 行）
3.   @Entry
4.   @Component
5.   struct Index {
6.     @State private speed: number = 5            //风车的旋转速度
7.     @State private imageSize: number = 1        //风车的缩放比例
8.     @State private angle: number = 0            //风车的旋转角度
9.     @State private interval: number = 0         //定时器时间
10.    build() {
11.      Column() {
12.        Image($rawfile('fengche.png'))          //图片组件
13.          .objectFit(ImageFit.Contain)          //设置图片缩放类型
14.          .height(200)                          //图片的高
15.          .width(200)                           //图片的宽
16.          .margin({ top: 100, bottom: 100, left: 20 })  //图片外边距
17.
18.        Text('当前速度：'+this.speed).fontColor(Color.Black).
19.          fontWeight(FontWeight.Bold).fontSize(20)
20.        Slider({
```

```
21.            value: this.speed,
22.            min: 1,
23.            max: 10,
24.            step: 1,
25.            style: SliderStyle.OutSet
26.          })
27.            .showTips(true)
28.            .blockColor(Color.Blue)
29.          Text('当前缩放比：'+this.imageSize).fontColor(Color.Black).
30.            fontWeight(FontWeight.Bold).fontSize(20)
31.          //用于控制缩放比例
32.          Slider({
33.            value: this.imageSize,
34.            min: 0.5,
35.            max: 4.5,
36.            step: 0.1,
37.            style: SliderStyle.OutSet
38.          })
39.            .showTips(true)
40.            .blockColor(Color.Red)
41.          //添加按钮组件用来进行 Toast 提示
42.          Button("显示相关信息").onClick(()=>{
43.            prompt.showToast({
44.              message: '当前旋转速度为:'+this.speed+',当前缩放值为:'+this.imageSize,
45.              duration: 2000,
46.            })
47.          })
48.        }
49.        .margin({ left: 30, right: 30 })
50.      }
51.  }
```

3. 给进度条绑定 onChange 事件，并设置定时器函数改变风车的旋转角度

具体代码见代码清单 3-6。

代码清单 3-6

```
1.   import prompt from '@ohos.prompt';
2.   //设置图片的旋转角度与缩放比例（第 19～20 行）
3.   //改变风车的旋转速度（第 32～38 行）
4.   //改变风车的缩放比例（第 51～54 行）
5.   //自定义函数设置定时器（第 64～71 行）
6.   @Entry
7.   @Component
8.   struct Index {
9.     @State private speed: number = 5        //风车的旋转速度
10.    @State private imageSize: number = 1     //风车的缩放比例
11.    @State private angle: number = 0         //风车的旋转角度
12.    @State private interval: number = 0      //定时器时间
```

```
13.      build() {
14.        Column() {
15.          Image($rawfile('fengche.png'))              //图片组件
16.            .objectFit(ImageFit.Contain)               //设置图片缩放类型
17.            .width(200).height(200)                    //图片的宽和高
18.            .margin({ top: 100, bottom: 100, left: 20 }) //图片外边距
19.            .rotate({ x: 0, y: 0, z: 1, angle: this.angle })
20.            .scale({ x: this.imageSize, y: this.imageSize })
21.          Text('当前速度：'+this.speed).fontColor(Color.Black)
22.            .fontWeight(FontWeight.Bold).fontSize(20)
23.          Slider({
24.            value: this.speed,
25.            min: 1,
26.            max: 10,
27.            step: 1,
28.            style: SliderStyle.OutSet
29.          })
30.            .showTips(true)
31.            .blockColor(Color.Blue)
32.          //onChange 事件改变风车的旋转速度
33.            .onChange((value: number, mode: SliderChangeMode) => {
34.              this.speed = value
35.              console.log("value:" + value);
36.              clearInterval(this.interval)
37.              this.speedChange()
38.            })
39.
40.          Text('当前缩放比：'+this.imageSize).fontColor(Color.Black)
41.            .fontWeight(FontWeight.Bold).fontSize(20)
42.          //用于控制缩放比例
43.          Slider({
44.            value: this.imageSize,
45.            min: 0.5,
46.            max: 4.5,
47.            step: 0.1,
48.            style: SliderStyle.OutSet
49.          })
50.            .showTips(true).blockColor(Color.Red)
51.          //onChange 事件改变风车的缩放比例
52.            .onChange((value: number, mode: SliderChangeMode) => {
53.              this.imageSize = value
54.            })
55.          //添加按钮组件用来进行 Toast 提示
56.          Button("显示相关信息").onClick(()=>{
57.            prompt.showToast({
58.              message: '当前旋转速度为:'+this.speed+',当前缩放值为:'+this.imageSize,
59.              duration: 2000,
60.            })
61.          })
```

```
62.        }.margin({ left: 30, right: 30 })
63.      }
64.    //自定义函数，设置定时器函数改变风车的旋转角度
65.    speedChange() {
66.      var that = this;
67.      that.angle = 0;
68.      this.interval = setInterval(function () {
69.        that.angle += that.speed
70.      }, 15)
71.    }
72.  }
```

4. HiLog 日志打印

HiLog 日志系统可以使应用/服务按照指定级别、标识和格式字符串输出日志内容，帮助开发者了解应用/服务的运行状态，从而更好地调试程序。

导入模块 import hilog from '@ohos.hilog';。

1）HiLog.isLoggable

接口为 isLoggable(domain: number, tag: string, level: LogLevel) : boolean，在打印日志前调用该接口，用于检查指定领域标识、日志标识和级别的日志是否可以打印。

系统能力：SystemCapability.HiviewDFX.HiLog。

isLoggable 的参数见表 3-11。

表 3-11　isLoggable 的参数

参 数 名 称	类　　型	是 否 必 填	参 数 描 述
domain	number	是	日志对应的领域标识，范围是 0x0～0xFFFF。建议开发者在应用内根据需要自定义划分
tag	string	是	指定日志标识，可以为任意字符串，建议用于标识调用所在的类或业务行为
level	LogLevel	是	日志级别

isLoggable 返回值见表 3-12。

表 3-12　isLoggable 返回值

类　　型	说　　明
boolean	若返回 true，则该领域标识、日志标识和级别的日志可以打印，否则不能打印

示例：

```
hilog.isLoggable(0x0001, "testTag", hilog.LogLevel.INFO);
```

2）LogLevel

LogLevel 为日志级别，见表 3-13。

系统能力：SystemCapability.HiviewDFX.HiLog。

表 3-13　日志级别

名　　称	默 认 值	说　　明
DEBUG	3	详细的流程记录，通过该级别的日志可以更详细地分析业务流程和定位分析问题
INFO	4	用于记录业务关键流程节点，可以还原业务的主要运行过程。用于记录可预料的非正常情况信息，如无网络信号、登录失败等。这些日志都应该由该业务内处于支配地位的模块来记录，避免在多个被调用的模块或低级函数中重复记录
WARN	5	用于记录较为严重的非预期情况，但是对用户影响不大，应用可以自动恢复或通过简单的操作恢复
ERROR	6	应用发生了错误，该错误会影响应用功能的正常运行或用户的正常使用，可以恢复，但恢复代价较高，如重置数据等
FATAL	7	重大致命异常，表明应用即将崩溃，故障无法恢复

3）HiLog.debug

接口为 debug(domain: number, tag: string, format: string, …args: any[]) : void，打印 DEBUG 级别的日志。DEBUG 级别的日志在正式发布版本中默认不被打印，只有在调试版本或打开调试开关的情况下才会打印。

系统能力：SystemCapability.HiviewDFX.HiLog。

HiLog.debug 的参数见表 3-14。

表 3-14　HiLog.debug 的参数

参 数 名 称	类　型	是否必填	参 数 描 述
domain	number	是	日志对应的领域标识，范围是 0x0～0xFFFF。建议开发者在应用内根据需要自定义划分
tag	string	是	指定日志标识，可以为任意字符串，建议用于标识调用所在的类或业务行为
format	string	是	格式字符串，用于日志的格式化输出。格式字符串中可以设置多个参数，参数需要包含参数类型、隐私标识。隐私标识分为{public}和{private}，默认为{private}。标识{public}的内容明文输出，标识{private}的内容以<private>过滤回显
args	any[]	是	与格式字符串 format 对应的可变长度参数列表。参数数目、参数类型必须与格式字符串中的标识一一对应

示例：

输出一条 DEBUG 信息，格式字符串为"%{public}s World %{private}d"。其中，变参%{public}s 为明文显示的字符串；%{private}d 为隐私的整型数。

```
hilog.debug(0x0001, "testTag", "%{public}s World %{private}d", "hello", 3);
```

4）HiLog.info

接口为 info(domain: number, tag: string, format: string, …args: any[])：void，打印 INFO 级别的日志。

系统能力：SystemCapability.HiviewDFX.HiLog。

HiLog.info 的参数同 HiLog.debug。

示例：

输出一条 INFO 信息，格式字符串为"%{public}s World %{private}d"。其中，变 参%{public}s 为明文显示的字符串；%{private}d 为隐私的整型数。

```
hilog.info(0x0001, "testTag", "%{public}s World %{private}d", "hello", 3);
```

5）HiLog.warn

接口为 warn(domain: number, tag: string, format: string, …args: any[])：void，打印 WARN 级别的日志。

系统能力：SystemCapability.HiviewDFX.HiLog。

Hilog.warn 的参数同 HiLog.debug。

示例：

输出一条 WARN 信息，格式字符串为"%{public}s World %{private}d"。其中，变 参%{public}s 为明文显示的字符串；%{private}d 为隐私的整型数。

```
hilog.warn(0x0001, "testTag", "%{public}s World %{private}d", "hello", 3);
```

6）HiLog.error

接口为 error(domain: number, tag: string, format: string, …args: any[])：void，打印 ERROR 级别的日志。

系统能力：SystemCapability.HiviewDFX.HiLog。

HiLog.error 的参数同 HiLog.debug。

示例：

输出一条 ERROR 信息，格式字符串为"%{public}s World %{private}d"。其中，变 参%{public}s 为明文显示的字符串；%{private}d 为隐私的整型数。

```
hilog.error(0x0001, "testTag", "%{public}s World %{private}d", "hello", 3);
```

7）HiLog.fatal

接口为 fatal(domain: number, tag: string, format: string, …args: any[])：void，打印 FATAL 级别的日志。

系统能力：SystemCapability.HiviewDFX.HiLog。

HiLog.fatal 的参数同 HiLog.debug。

示例：

输出一条 FATAL 信息，格式字符串为"%{public}s World %{private}d"。其中，变 参%{public}s 为明文显示的字符串；%{private}d 为隐私的整型数。

```
hilog.fatal(0x0001, "testTag", "%{public}s World %{private}d", "hello", 3);
```

任务 3　使用@Builder 装饰器封装组件

任务目标

❖　理解@Builder 装饰器的概念
❖　掌握@Builder 装饰器的用法

任务陈述

在给速度进度条和缩放比例进度条设置文本时，我们创建了 Text 文本组件，相同的代码写了两次，为了减少代码的冗余，可以使用@Builder 装饰器自定义文本组件完成组件调用。

知识准备

@Builder 装饰器用于定义组件的声明式 UI 描述，在一个自定义组件内快速生成多个布局内容。@Builder 装饰器的功能和语法规范与 build 函数相同。

任务实施

使用@Builder 装饰器完成文本组件的自定义封装，具体代码见代码清单 3-7。

代码清单 3-7

```
1.    //使用@Builder 装饰器完成文本组件的自定义封装（第 11～19 行）
2.    //自定义文本组件的调用代码为第 30 行、第 49 行
3.    import prompt from '@ohos.prompt';
4.    @Entry
5.    @Component
6.    struct Index {
7.        @State private speed: number = 5          //风车的旋转速度
8.        @State private imageSize: number = 1      //风车的缩放比例
9.        @State private angle: number = 0          //风车的旋转角度
10.       @State private interval: number = 0       //定时器时间
11.   //使用@Builder 自定义封装文本组件
12.       @Builder DescribeText(text:string, speed: number) {
13.         Stack() {
14.           Text(text + speed.toFixed(1))
15.             .margin({ top: 30 })
16.             .fontSize(20)
17.             .fontWeight(FontWeight.Bold)
18.         }
19.       }
20.       build() {
```

```
21.        Column() {
22.          Image($rawfile('fengche.png'))                        //图片组件
23.            .objectFit(ImageFit.Contain)                        //设置图片缩放类型
24.            .height(200)                                        //图片的高
25.            .width(200)                                         //图片的宽
26.            .margin({ top: 100, bottom: 100, left: 20 })        //图片外边距
27.            .rotate({ x: 0, y: 0, z: 1, angle: this.angle })
28.            .scale({ x: this.imageSize, y: this.imageSize })
29.          //创建 Text 文本组件（用于描述 Slider 组件）
30.          this.DescribeText('速度：', this.speed)
31.          Slider({
32.            value: this.speed,
33.            min: 1,
34.            max: 10,
35.            step: 1,
36.            style: SliderStyle.OutSet
37.          })
38.            .showTips(true)
39.            .blockColor(Color.Blue)
40.          //onChange 事件改变风车的旋转速度
41.            .onChange((value: number, mode: SliderChangeMode) => {
42.              this.speed = value
43.              console.log("value:" + value);
44.              clearInterval(this.interval)
45.              this.speedChange()
46.            })
47.
48.          //创建 Text 文本组件（用于描述 Slider 组件）
49.          this.DescribeText('缩放比例：', this.imageSize)        //用于控制缩放比例
50.          Slider({
51.            value: this.imageSize,
52.            min: 0.5,
53.            max: 4.5,
54.            step: 0.1,
55.            style: SliderStyle.OutSet
56.          })
57.            .showTips(true)
58.            .blockColor(Color.Red)
59.          //onChange 事件改变风车的缩放比例
60.            .onChange((value: number, mode: SliderChangeMode) => {
61.              this.imageSize = value
62.            })
63.          //添加按钮组件用来进行 Toast 提示
64.          Button("显示相关信息").onClick(()=>{
65.            prompt.showToast({
66.              message: '当前旋转速度为:'+this.speed+',当前缩放值为:'+this.imageSize,
67.              duration: 2000,
68.            })
69.          })
70.        }
71.        .margin({ left: 30, right: 30 })
```

```
72.        }
73.     //自定义函数，设置定时器函数改变风车的旋转角度
74.     speedChange() {
75.        var that = this;
76.        that.angle = 0;
77.        this.interval = setInterval(function () {
78.            that.angle += that.speed
79.        }, 15)
80.     }
81.  }
```

任务4 应用程序生命周期

任务目标

❖ 理解应用程序生命周期的概念
❖ 理解页面生命周期函数的作用

任务陈述

在生命周期函数 OnPageShow()中，调用风车速度改变函数，并清除计时器上一次带来的角度影响。

知识准备

1. 应用生命周期

在 app.js 文件中，可以定义应用生命周期函数，见表 3-15。

表 3-15 应用生命周期函数

属　　性	类　　型	描　　述	触　发　时　机
onCreate	() => void	应用创建	当应用创建时触发
onShow6+	() => void	应用处于前台	当应用处于前台时触发
onHide6+	() => void	应用处于后台	当应用处于后台时触发
onDestroy	() => void	应用销毁	当应用退出时触发

2. 页面生命周期

在页面 JS 文件中，可以定义页面生命周期函数，见表 3-16。

表 3-16 页面生命周期函数

属　　性	类　　型	描　　述	触　发　时　机
onInit	() => void	页面初始化	页面数据初始化完成时触发，只触发一次
onReady	() => void	页面创建完成	页面创建完成时触发，只触发一次

续表

属　　性	类　　型	描　　述	触 发 时 机
onShow	() => void	页面显示	页面显示时触发
onHide	() => void	页面隐藏	页面隐藏时触发
onDestroy	() => void	页面销毁	页面销毁时触发
onBackPress	() => boolean	返回按钮动作	当用户单击返回按钮时触发。 —返回 true 表示页面自身处理返回逻辑。 —返回 false 表示使用默认的返回逻辑。 —不返回值时，会作为 false 处理
onActive()5+	() => void	页面激活	页面激活时触发
onInactive()5+	() => void	页面暂停	页面暂停时触发

页面 A 的生命周期接口的调用顺序如下。

（1）打开页面 A：onInit()→onReady()→onShow()。

（2）在页面 A 打开页面 B：onHide()。

（3）从页面 B 返回页面 A：onShow()。

（4）退出页面 A：onBackPress()→onHide()→onDestroy()。

（5）页面隐藏到后台运行：onInactive()→onHide()。

（6）页面从后台运行恢复到前台运行：onShow()→onActive()。

生命周期函数图如图 3-7 所示。

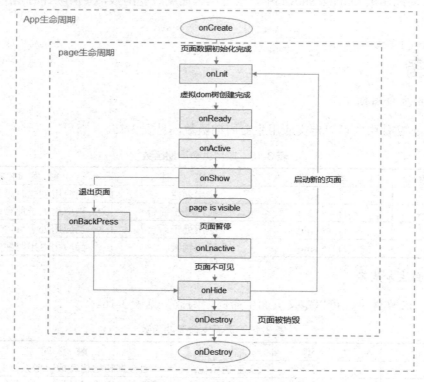

图 3-7　生命周期函数图

任务实施

在生命周期函数 OnPageShow()中，调用风车速度改变函数，并清除计时器上一次带来的角度影响，具体代码见代码清单 3-8。

代码清单 3-8

```
1.  //第 77～80 行为生命周期函数
2.  import prompt from '@ohos.prompt';
3.  @Entry
4.  @Component
5.  struct Index {
6.      @State private speed: number = 5              //风车的旋转速度
7.      @State private imageSize: number = 1          //风车的缩放比例
8.      @State private angle: number = 0              //风车的旋转角度
9.      @State private interval: number = 0           //定时器时间
10. //使用@Builder 自定义封装文本组件
11.     @Builder DescribeText(text:string, speed: number) {
12.         Stack() {
13.             Text(text + speed.toFixed(1)).margin({ top: 30 })
14.                 .fontSize(20).fontWeight(FontWeight.Bold)
15.         }
16.     }
17.     build() {
18.         Column() {
19.             Image($rawfile('fengche.png'))         //图片组件
20.                 .objectFit(ImageFit.Contain)       //设置图片缩放类型
21.                 .height(200)                       //图片的高
22.                 .width(200)                        //图片的宽
23.                 .margin({ top: 100, bottom: 100, left: 20 })  //图片外边距
24.                 .rotate({ x: 0, y: 0, z: 1, angle: this.angle })
25.                 .scale({ x: this.imageSize, y: this.imageSize })
26.         //创建 Text 文本组件（用于描述 Slider 组件）
27.             this.DescribeText('速度：', this.speed)
28.             Slider({
29.                 value: this.speed,
30.                 min: 1,
31.                 max: 10,
32.                 step: 1,
33.                 style: SliderStyle.OutSet
34.             })
35.                 .showTips(true)
36.                 .blockColor(Color.Blue)
37.         //onChange 事件改变风车的旋转速度
38.                 .onChange((value: number, mode: SliderChangeMode) => {
39.                     this.speed = value
40.                     console.log("value:" + value);
41.                     clearInterval(this.interval)
```

```
42.          this.speedChange()
43.        })
44.      //创建 Text 文本组件（用于描述 Slider 组件）
45.      this.DescribeText('缩放比例：', this.imageSize)        //用于控制缩放比例
46.      Slider({
47.        value: this.imageSize,
48.        min: 0.5,
49.        max: 4.5,
50.        step: 0.1,
51.        style: SliderStyle.OutSet
52.      })
53.        .showTips(true)
54.        .blockColor(Color.Red)
55.      //onChange 事件改变风车的缩放比例
56.        .onChange((value: number, mode: SliderChangeMode) => {
57.          this.imageSize = value
58.        })
59.      //添加按钮组件用来进行 Toast 提示
60.      Button("显示相关信息").onClick(()=>{
61.        prompt.showToast({
62.          message: '当前旋转速度为:'+this.speed+',当前缩放值为:'+this.imageSize,
63.          duration: 2000,
64.        })
65.      })
66.    }
67.    .margin({ left: 30, right: 30 })
68.    }
69.    //自定义函数，设置定时器函数改变风车的旋转角度
70.    speedChange() {
71.      var that = this;
72.      that.angle = 0;
73.      this.interval = setInterval(function () {
74.        that.angle += that.speed
75.      }, 15)
76.    }
77.    onPageShow() {
78.      clearInterval(this.interval)
79.      this.speedChange()
80.    }
81.  }
```

项 目 小 结

本项目对 OpenHarmony 中的组件用法进行了讲解，主要讲述了 ArkTS 编写页面布局、Image 组件、Slider 组件、@Builder 装饰器、页面生命周期、setInterval、Toast 的用法，以及 HiLog 与 console 日志的调试与查看。

编写本项目旋转风车鸿蒙应用程序时，需要注意以下几点。

（1）导入图片资源时，图片不能使用中文名称。

（2）进行 HTTP 网络请求图片时，要先联网，并在 module.json5 文件中加入网络权限请求，否则请求不到数据。

（3）在主页引入其他组件页面的.ets 文件时，只需要注解@Component 即可，不需要再写入@Entry 注解。

习　　题

一、选择题

1．在 media 中有图片 alarm.png，则 Image 组件引入图片的语法是（　　　）。

    A．$r('app.media.alarm')   B．$r('app.media.alarm.png')

    C．$('alarm')   D．$('alarm.png')

2．有一个 setInterval()函数，其返回值为 sid，则清除定时器的函数是（　　　）。

    A．intervalClear(sid)   B．clear(sid)

    C．clearTimeout(sid)   D．clearInterval(sid)

3．（　　　）是 HTTP 请求要求的权限。

    A．ohos.permission.REBOOT   B．ohos.permission.INTERNET

    C．ohos.permission.GET_WIFI_INFO   D．ohos.permission.NFC_TAG

二、判断题（对的打√，错的打×）

1．Image 组件使用相对路径引用图片资源时，支持跨包或跨模块调用该组件。（　　　）

2．Image 组件属性 objectRepeat 中的 ImageRepeat 参数值对.svg 图片格式无效。（　　　）

3．当使用 Image 组件请求网络图片的渲染时，需要申请 ohos.permission.INTERNET 权限。
                                           （　　　）

项目 3 答案

项目 3 代码

项目 3 课件

项 4 目

二维码生成器

本项目需要实现一个简单的二维码生成器应用。该应用可通过二维码保存姓名及电话信息，还可对二维码的大小、颜色和头像进行设置。首次执行时，需要在设置好所有信息后，单击按钮才能生成对应二维码，后续执行时，每当大小、颜色、头像更新后都会自动刷新生成二维码，在二维码显示前会有进度条提示进度，最终页面效果如图 4-1 所示。

图 4-1　二维码生成页面效果

教学导航

教学目标	知识目标： 掌握 ArkTS 中 TextArea 组件的使用方法 掌握 ArkTS 中 Radio 组件的使用方法 掌握 ArkTS 中 Select 组件的使用方法 掌握 ArkTS 中 Progress 组件的使用方法 掌握 ArkTS 中 QRcode 组件的使用方法

教学目标	掌握 ArkTS 中 Flex 布局组件的使用方法
	掌握 ArkTS 数组的声明方法
	掌握 ArkTS Froeach 数组遍历方法
	掌握 ArkTS Switch 分支语法
	能力目标：
	具备根据需求实现页面布局的能力
	具备根据需求实现业务逻辑的能力
	素质目标：
	培养阅读鸿蒙官网开发者文档的能力
	培养科学逻辑思维
	培养学生的学习兴趣与创新精神
	培养规范编码的职业素养
教学重点	使用 ArkTS 实现 UI 布局
	Flex 布局组件的用法
	ArkTS 数组的使用
	进度条的进度更新显示
教学难点	Flex 布局组件的应用
	定时器的用法
课时建议	12 课时

任务 1　初始页面布局

任务目标

- ❖ 掌握使用 ArkTS 实现 UI 布局的方法
- ❖ 掌握 Flex 布局组件的用法
- ❖ 掌握组件样式属性的使用方法

任务陈述

1. 任务描述

在启动应用时，显示二维码信息的设置页面。

（1）使用 Flex 布局组件搭建好页面框架。

（2）放置姓名输入框、电话输入框、大小选择下拉框、颜色选择区、图像单选框、按钮等。

2. 运行结果

二维码生成器初始页面运行结果如图 4-2 所示。

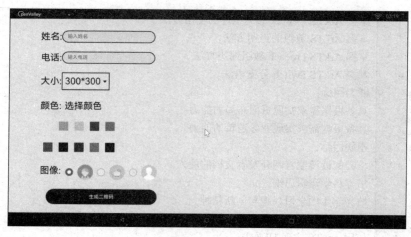

图 4-2　二维码生成器初始页面运行结果

知识准备

1. TextArea 组件

TextArea 组件可以用来输入多行文本。

1）接口

接口为 TextArea(value?: {placeholder?: ResourceStr, text?: ResourceStr, controller?: TextAreaController})。

TextArea 组件的接口参数见表 4-1。

表 4-1　TextArea 组件的接口参数

参 数 名 称	参 数 类 型	是 否 必 填	参 数 描 述
placeholder	ResourceStr	否	无输入时的提示文本
text	ResourceStr	否	设置输入框当前的文本内容
controller	TextAreaController	否	设置 TextArea 控制器

2）属性

TextArea 组件除了支持通用属性，还支持表 4-2 中的属性。

表 4-2　TextArea 组件的属性

属 性 名 称	参 数 类 型	参 数 描 述
placeholderColor	ResourceColor	设置 placeholder 文本颜色
placeholderFont	Font	设置 placeholder 文本样式
caretColor	ResourceColor	设置输入框光标颜色
textAlign	TextAlign	设置文本水平对齐方式。 默认值：TextAlign.Start
copyOption	CopyOptions	组件支持设置文本是否可复制粘贴。 默认值：CopyOptions.None

3）事件

TextArea 组件支持点击事件及输入变化事件，见表 4-3。

表 4-3　TextArea 组件的事件

事 件 名 称	功 能 描 述
onClick(event:(event?: ClickEvent) => void)	点击动作触发该回调
onChange(callback: (value: string) => void)	输入发生变化时，触发回调

TextArea 组件示例代码见代码清单 4-1。

代码清单 4-1

```
1.    @Entry
2.    @Component
3.    struct Index {
4.      build(){
5.      Row(){
6.       TextArea({ placeholder: '输入姓名' })
7.          .width(200).height(50).fontSize(50)
8.          .textAlign(TextAlign.Center)
9.          .placeholderColor(Color.Blue)
10.         .placeholderFont({size:30})
11.         .onChange((value:string)=>{
12.           console.log(value);
13.       })
14.    }
15.   }
16. }
```

程序运行结果如图 4-3 所示。

图 4-3　TextArea 组件运行结果

2．Radio 组件

Radio 组件为单选框组件，为用户提供单选功能。

1）接口

接口为 Radio(options: {value:string, group: string})。

2）参数

Radio 组件的接口参数见表 4-4。

表 4-4　Radio 组件的接口参数

参 数 名 称	参 数 类 型	是 否 必 填	参 数 描 述
value	string	是	当前单选框的值
group	string	是	当前单选框的所属群组名称，相同群组的 Radio 只能有一个被选中

3）属性

Radio 组件除了支持通用属性，还支持表 4-5 中的属性。

表 4-5　Radio 组件的属性

属 性 名 称	参 数 类 型	参 数 描 述
checked	boolean	设置单选框的选中状态。默认值：false

4）事件

Radio 组件支持单选改变事件，见表 4-6。

表 4-6　Radio 组件的事件

事 件 名 称	功 能 描 述
onChange(callback: (value: string) => void)	输入发生变化时，触发回调

Radio 组件示例代码见代码清单 4-2。

代码清单 4-2

```
1.    @Entry
2.    @Component
3.    struct Index {
4.      build(){
5.       Row(){
6.        TextArea({ placeholder: '输入姓名' })
7.         .width(200).height(50).fontSize(50)
8.         .textAlign(TextAlign.Center)
9.         .placeholderColor(Color.Blue)
10.        .placeholderFont({size:30})
11.        .onChange((value:string)=>{
12.          console.log(value);
13.       })
14.      }
15.     }
16.   }
```

程序运行结果如图 4-4 所示。

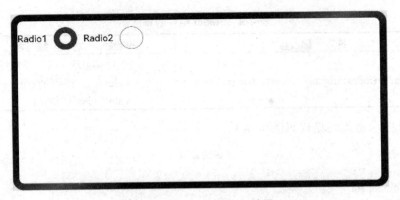

图 4-4　Radio 组件运行结果

3．Select 组件

Select 组件用于提供下拉菜单，可以让用户在多个选项中选择。

1）接口

接口为 Select(options: Array<SelectOption>)。

2）参数

Select 组件的接口参数见表 4-7。

表 4-7　Select 组件的接口参数

参 数 名 称	参 数 类 型	是 否 必 填	参 数 描 述
value	ResourceStr	是	下拉选项内容
icon	ResourceStr	否	下拉选项图片

3）属性

Select 组件除了支持通用属性，还支持表 4-8 中的属性。

表 4-8　Select 组件的属性

属 性 名 称	参 数 类 型	参 数 描 述
selected	number	设置下拉菜单初始选项的索引，第一项的索引为 0
value	string	设置下拉按钮自身的文本内容
font	Font	设置下拉按钮自身的文本样式
fontColor	ResourceColor	设置下拉按钮自身的文本颜色
selectedOptionBgColor	ResourceColor	设置下拉菜单选中项的背景颜色
selectedOptionFont	Font	设置下拉菜单选中项的文本样式
selectedOptionFontColor	ResourceColor	设置下拉菜单选中项的文本颜色
optionBgColor	ResourceColor	设置下拉菜单项的背景颜色
optionFont	Font	设置下拉菜单项的文本样式
optionFontColor	ResourceColor	设置下拉菜单项的文本颜色

4）事件

Select 组件支持选择事件，见表 4-9。

表 4-9　Select 组件的事件

名　称	功　能　描　述
onSelect(callback: (index: number, value?: string) => void)	下拉菜单选中某一项的回调。 index：选中项的索引。 value：选中项的值

Select 组件示例代码见代码清单 4-3。

代码清单 4-3

```
1.    @Entry
2.    @Component
3.    struct Index {
4.     build(){
5.      Row(){
6.       Select([{ value: '1' },
7.         { value: '2' },
8.         { value: '3' },
9.         { value: '4'}])
10.        .selected(0)
11.        .value('select')
12.        .font({size:30,weight:400, family: 'serif', style: FontStyle.Normal })
13.        .optionFont({ size: 30, weight: 400, family: 'serif', style: FontStyle.Normal })
14.        .onSelect((index: number) => {
15.         console.log("Selected:" + index)
16.        })
17.     }
18.    }
```

程序运行结果如图 4-5 所示。

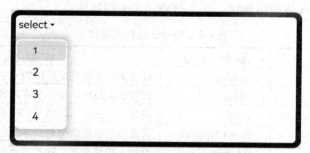

图 4-5　Select 组件运行结果

4．Progress 组件

Progress 组件用于显示内容加载或操作处理等进度。

1）接口

接口为 Progress(options: {value:number, total?:number, type?: ProgressType})。

2）参数

Progress 组件的接口参数见表 4-10，ProgressType 参数说明见表 4-11。

表 4-10　Progess 组件的接口参数

参 数 名 称	参 数 类 型	是 否 必 填	参 数 描 述
value	number	否	指定当前进度值。设置小于 0 的数值时设置为 0，设置大于 total 的数值时设置为 total
total	number	否	指定进度条的总长。默认值：100
type	ProgressType	否	指定进度条的类型。默认值：ProgressType.Linear

表 4-11　ProgressType 参数说明

参 数 名 称	参 数 描 述
Linear	线性样式，从 API version 9 开始，高度大于宽度时，自适应垂直显示
Ring	环形无刻度样式，环形圆环逐渐显示至完全填充效果
Eclipse	圆形样式，显示类似月圆月缺的进度展示效果，从月牙逐渐变化至满月
ScaleRing	环形有刻度样式，显示类似时钟刻度形式的进度展示效果。从 API version 9 开始，刻度外圈出现重叠时自动转换为环形无刻度进度条
Capsule	胶囊样式，头尾两端圆弧处的进度展示效果与 Eclipse 相同；中段处的进度展示效果与 Linear 相同。高度大于宽度时，自适应垂直显示

3）属性

Progress 组件除了支持通用属性，还支持表 4-12 中的属性。

表 4-12　Progress 组件的属性

属 性 名 称	参 数 类 型	参 数 描 述
value	number	设置当前进度值。设置小于 0 的数值时设置为 0，设置大于 total 的数值时设置为 total。非法数值不生效
color	ResourceColor	设置进度条前景色
backgroundColor	ResourceColor	设置进度条底色
style	{strokeWidth?:Length, scaleCount?:number, scaleWidth?:Length}	定义组件的样式。 —strokeWidth：设置进度条的宽度（不支持百分比设置）。 —scaleCount：设置环形进度条总刻度数。默认值：120 —scaleWidth：设置环形进度条刻度粗细（不支持百分比设置），刻度粗细大于进度条宽度时，为系统默认粗细

Progress 组件示例代码见代码清单 4-4。

代码清单 4-4

```
1.    @Entry
2.    @Component
3.    struct Index {
4.     build(){
5.      Column({ space: 12 }) {
6.       Text('Linear Progress').fontSize(20).fontColor(0x00000).width('90%')
```

```
7.          Progress({ value: 10, type: ProgressType.Linear }).width(200)
8.          Progress({ value: 20, total: 150, type: ProgressType.Linear }).color(Color.Grey)
9.            .value(50).width(200)
10.         Text('Eclipse Progress').fontSize(20).fontColor(0x00000).width('90%')
11.         Row({ space: 30 }) {
12.          Progress({ value: 10, type: ProgressType.Eclipse }).width(100)
13.          Progress({ value: 20, total: 150, type: ProgressType.Eclipse }).color(Color.Grey)
14.            .value(50).width(100)
15.         }
16.         Text('ScaleRing Progress').fontSize(20).fontColor(0x00000).width('90%')
17.         Row({ space: 40 }) {
18.          Progress({ value: 10, type: ProgressType.ScaleRing }).width(100)
19.          Progress({ value: 20, total: 150, type: ProgressType.ScaleRing })
20.            .color(Color.Grey).value(50).width(100)
21.            .style({ strokeWidth: 15, scaleCount: 15, scaleWidth: 5 })
22.         }
23.       }.width('100%')
24.     }
25.   }
```

程序运行结果如图 4-6 所示。

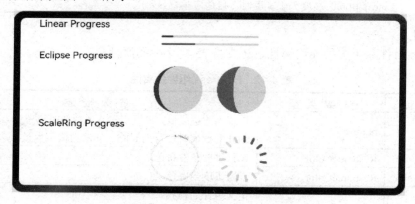

图 4-6　Progress 组件运行结果

5. QRcode 组件

QRcode 组件用于创建二维码。

1）接口

接口为 QRcode(value: string)。

2）参数

QRcode 组件的接口参数见表 4-13。

表 4-13　QRcode 组件的接口参数

参 数 名 称	参 数 类 型	是 否 必 填	参 数 描 述
value	string	是	二维码内容字符串

3）属性

QRcode 组件除了支持通用属性，还支持表 4-14 中的属性。

表 4-14　QRcode 组件的属性

属 性 名 称	参 数 类 型	参 数 描 述
color	ResourceColor	设置二维码颜色。 默认值：Color.Black
backgroundColor	ResourceColor	设置二维码背景颜色。 默认值：Color.White

4）事件

QRcode 组件支持点击事件，见表 4-15。

表 4-15　QRcode 组件的事件

名　　　称	功 能 描 述
onClick(event:(event?: ClickEvent) => void)	点击动作触发该回调

QRcode 组件示例代码见代码清单 4-5。

代码清单 4-5

```
1.    @Entry
2.    @Component
3.    struct Index {
4.      build(){
5.        QRCode('二维码')
6.          .color(Color.Black)
7.          .backgroundColor(Color.White)
8.          .width(200)
9.          .height(200)
10.         .onClick(()=>{
11.           console.log("clicked")
12.         })
13.     }
14.   }
```

程序运行结果如图 4-7 所示。

图 4-7　QRCode 组件运行结果

6. Flex 布局组件

Flex 布局组件以弹性方式布局子组件的容器组件，可以灵活地进行组件布局。

1）接口

接口为 Flex(value?: {direction?: FlexDirection, wrap?: FlexWrap, justifyContent?: FlexAlign, alignItems?: ItemAlign, alignContent?: FlexAlign })。

2）参数

Flex 布局组件的接口参数见表 4-16，FlexDirection、FlexWrap、FlexAlign、ItemAlign 参数说明分别见表 4-17～表 4-20。

表 4-16 Flex 布局组件的接口参数

参 数 名 称	参 数 类 型	是 否 必 填	参 数 描 述
direction	FlexDirection	否	子组件在 Flex 容器上排列的方向，即主轴的方向。默认值：FlexDirection.Row
wrap	FlexWrap	否	Flex 容器是单行/列还是多行/列排列。默认值：FlexWrap.NoWrap
justifyContent	FlexAlign	否	子组件在 Flex 容器主轴上的对齐方式。默认值：FlexAlign.Start
alignItems	ItemAlign	否	子组件在 Flex 容器交叉轴上的对齐方式。默认值：ItemAlign.Start
alignContent	FlexAlign	否	交叉轴中有额外的空间时，多行内容的对齐方式。仅在 wrap 为 Wrap 或 WrapReverse 下生效。默认值：FlexAlign.Start

表 4-17 FlexDirection 参数说明

参 数 名 称	参 数 描 述
Row	主轴与行方向一致作为布局模式
RowReverse	与 Row 相反方向进行布局
Column	主轴与列方向一致作为布局模式
ColumnReverse	与 Column 相反方向进行布局

表 4-18 FlexWrap 参数说明

参 数 名 称	参 数 描 述
NoWrap	Flex 容器的元素单行/列布局，子项不允许超出容器
Wrap	Flex 容器的元素多行/列排布，子项允许超出容器
WrapReverse	Flex 容器的元素反向多行/列排布，子项允许超出容器

表 4-19 FlexAlign 参数说明

参 数 名 称	参 数 描 述
Start	元素在主轴方向首端对齐，第一个元素与行首对齐，同时后续的元素与前一个对齐
Center	元素在主轴方向中心对齐，第一个元素到行首的距离与最后一个元素到行尾的距离相同
End	元素在主轴方向尾部对齐，最后一个元素与行尾对齐，其他元素与后一个元素对齐

续表

参　数　名　称	参　数　描　述
SpaceBetween	Flex 主轴方向均匀分配弹性元素，相邻元素之间距离相同。第一个元素与行首对齐，最后一个元素与行尾对齐
SpaceAround	Flex 主轴方向均匀分配弹性元素，相邻元素之间距离相同。第一个元素到行首的距离和最后一个元素到行尾的距离是相邻元素之间距离的一半
SpaceEvenly	Flex 主轴方向均匀分配弹性元素，相邻元素之间的距离、第一个元素到行首的距离、最后一个元素到行尾的距离都相同

表 4-20　ItemAlign 参数说明

参　数　名　称	参　数　描　述
Auto	使用 Flex 容器中的默认配置
Start	元素在 Flex 容器中，交叉轴方向首部对齐
Center	元素在 Flex 容器中，交叉轴方向居中对齐
End	元素在 Flex 容器中，交叉轴方向底部对齐
Stretch	元素在 Flex 容器中，交叉轴方向拉伸填充，在未设置尺寸时，拉伸到容器尺寸大小
Baseline	元素在 Flex 容器中，交叉轴方向文本基线对齐

Flex 布局组件支持通用属性。其示例代码见代码清单 4-6。

代码清单 4-6

```
1.    @Entry
2.    @Component
3.    struct Index {
4.     build(){
5.      Column() {
6.       Column({ space: 5 }) {
7.        Text('direction:Row').fontSize(20).width('90%')
8.        Flex({ direction: FlexDirection.Row }) {
9.         Text('1').width('20%').height(50).backgroundColor(0xF5DEB3)
10.        Text('2').width('20%').height(50).backgroundColor(0xD2B48C)
11.        Text('3').width('20%').height(50).backgroundColor(0xF5DEB3)
12.        Text('4').width('20%').height(50).backgroundColor(0xD2B48C)
13.       }
14.       .height(70)
15.       .width('90%')
16.       .padding(10)
17.       .backgroundColor(0xAFEEEE)
18.       Text('direction:Column').fontSize(20).width('90%')
19.       Flex({ direction: FlexDirection.Column }) {
20.        Text('1').width('100%').height(40).backgroundColor(0xF5DEB3)
21.        Text('2').width('100%').height(40).backgroundColor(0xD2B48C)
22.        Text('3').width('100%').height(40).backgroundColor(0xF5DEB3)
23.        Text('4').width('100%').height(40).backgroundColor(0xD2B48C)
24.       }
25.       .height(160).width('90%').padding(10).backgroundColor(0xAFEEEE)
```

```
26.      }.width('100%').margin({ top: 5 })
27.      }.width('100%')
28.    }
29.  }
```

程序运行结果如图 4-8 所示。

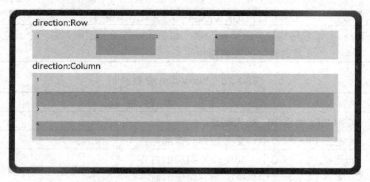

图 4-8　Flex 布局组件运行结果

7. 数组的声明

ArkTS 语言声明数组的方式有两种，第一种方式如下：

```
var arrName:datatype[]
var arrName :number[]
```

其中，数据类型 datatype 包括 number、string、boolean、any 等。也可以在声明的同时初始化，如下所示：

```
var arrName :number[]=[1,2,3]
```

第二种方式是使用 Array 对象，也可以在声明时初始化，如下所示：

```
var arrName:Array<datatype>
var arrName:Array<number>
var arrName:Array<number> = [1,2,3]
```

可以使用 for 循环遍历数组内容，示例代码见代码清单 4-7。

代码清单 4-7

```
1.    var arrName :number[]=[1,2,3]
2.    for (var index = 0; index < arrName.length; index++) {
3.      console.log( arrName[index]+")
4.    }
```

数组的使用示例代码见代码清单 4-8。

代码清单 4-8

```
1.    @Entry
2.    @Component
3.    struct Index {
```

```
4.    private  arr1:number[]=[1,2,3]
5.    test(){
6.     for (var index = 0; index < this.arr1.length; index++) {
7.          console.log( this.arr1[index]+")
8.        }
9.    }
10.   build(){
11.    Row(){
12.    Button('OK', { type: ButtonType.Capsule, stateEffect: true })
13.      .backgroundColor(Color.Blue)
14.      .width(100)
15.      .onClick((event: ClickEvent)=>{
16.       this.test()
17.      })
18.    }
19.    }
20.   }
```

程序运行结果如图 4-9 所示。

```
[default][Console    DEBUG]   03/28 17:15:54 1616    app Log: 1
[default][Console    DEBUG]   03/28 17:15:54 1616    app Log: 2
[default][Console    DEBUG]   03/28 17:15:54 1616    app Log: 3
```

图 4-9 数组的使用运行结果

8. forEach 数组遍历

数组遍历还可使用 forEach 语法。forEach 语法格式如下：

```
forEach(callbackfn: (value: datatpe, index: number, array: datatype[]) => void, thisArg?: Object)
```

其中，callbackfn 为回调函数，value 为当前遍历到的数据，index 为对应索引，array 为当前调用对象。

forEach 的使用方法见代码清单 4-9。

代码清单 4-9

```
1.    var arrName :number[]=[1,2,3]
2.    arrName.forEach((value,index) => {
3.       console.log(value + ");
4.    });
```

forEach 数组遍历示例代码见代码清单 4-10。

代码清单 4-10

```
5.    @Entry
6.    @Component
7.    struct Index {
8.     private arr1:string[]=['a','b','c']
9.     test(){
10.     this.arr1.forEach((value,index) => {
```

```
11.        console.log(value + ");
12.
13.      });
14.    }
15.  build(){
16.    Row(){
17.     Button('OK', { type: ButtonType.Capsule, stateEffect: true })
18.      .backgroundColor(Color.Blue)
19.      .width(100)
20.      .onClick((event: ClickEvent)=>{
21.        this.test()
22.      })
23.    }
24.   }
25.  }
```

程序运行结果如图 4-10 所示。

```
[default][Console   DEBUG]  03/28 17:18:25 14748  app Log: a
[default][Console   DEBUG]  03/28 17:18:25 14748  app Log: b
[default][Console   DEBUG]  03/28 17:18:25 14748  app Log: c
```

图 4-10   forEach 数组遍历运行结果

9. switch 语法

ArkTS 语言可以用 switch 语法来进行条件处理，基于不同的条件执行不同的操作，语法格式见代码清单 4-11。

代码清单 4-11

```
1.    switch(n) {
2.    case 1:
3.      执行代码块 1
4.      break;
5.    case 2:
6.      执行代码块 2
7.      break;
8.    default:
9.          //其他情况执行的代码
10.   }
```

设置表达式的值为 n（通常是一个变量），随后表达式的值会与结构中的每个 case 的值做比较。如果存在匹配，则与该 case 关联的代码块就会被执行，使用 break 来阻止代码自动向下一个 case 运行。

switch 语法示例代码见代码清单 4-12。

代码清单 4-12

```
1.    @Entry
2.    @Component
3.    struct Index {
```

```
4.      private idnum:number = 3
5.      private str:string = ''
6.      test(){
7.       switch (this.idnum)
8.       {
9.        case 0:this.str="今天是星期日";
10.         break;
11.        case 1:this.str="今天是星期一";
12.         break;
13.        case 2:this.str="今天是星期二";
14.         break;
15.        case 3:this.str="今天是星期三";
16.         break;
17.        case 4:this.str="今天是星期四";
18.         break;
19.        case 5:this.str="今天是星期五";
20.         break;
21.        case 6:this.str="今天是星期六";
22.         break;
23.        default:
24.         this.str="今天是星期日";
25.       }
26.       console.log(this.str);
27.      }
28.      build(){
29.      Row(){
30.      Button('OK', { type: ButtonType.Capsule, stateEffect: true })
31.       .backgroundColor(Color.Blue)
32.       .width(100)
33.       .onClick((event: ClickEvent)=>{
34.        this.test()
35.       })
36.      }
37.     }
38.    }
```

程序运行结果如图 4-11 所示。

```
[default][Console  DEBUG]  03/28 17:22:58 11004  app Log: 今天是星期三
```

图 4-11　switch 语法运行结果

任务实施

1. 新建工程

打开 DevEco Studio，新建一个工程并选择 OpenHarmony 的 Empty Ability（注意，这里不能选择 HarmonyOS）。

单击 Next 按钮后，在弹出的界面中设置工程名为 ErWeiMa，其他信息使用默认值，设置完成后，单击 Finish 按钮完成工程创建，如图 4-12 所示。

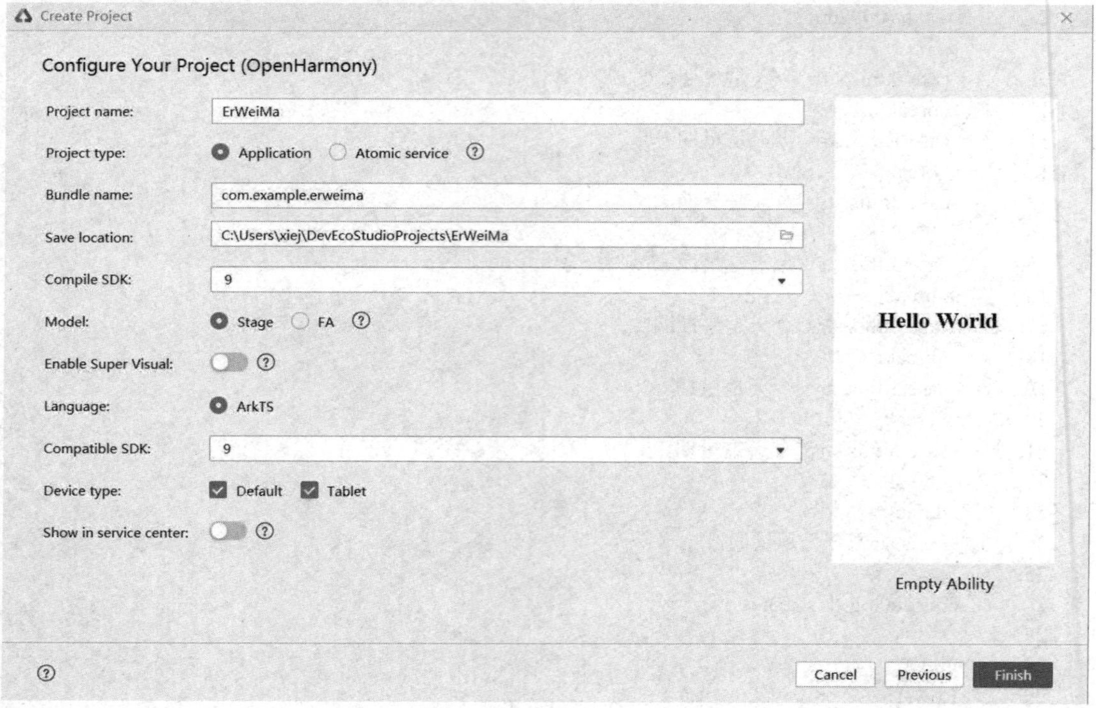

图 4-12　工程具体信息

2. 完成页面布局

页面整体使用 Flex 组件进行布局，最外层为 Flex 组件，在其内部左右两边各放置一个 Flex 子组件，左侧 Flex 子组件中再纵向放置多个 Row 子组件和 button 子组件，在 Row 子组件中分别放置姓名输入框、电话输入框、大小选择下拉框、颜色选择区、图像单选框及对应文字说明 text 框，具体代码见代码清单 4-13。

代码清单 4-13

```
1.    Flex({ direction: FlexDirection.Row, justifyContent: FlexAlign.Center,alignContent:FlexAlign.
Center }) {
2.        Flex({direction: FlexDirection.Column,justifyContent: FlexAlign.Center,alignContent:FlexAlign.
Center}){
3.          Row(){  //姓名输入框
4.            Text('姓名:').fontSize(30).fontColor(0x000000).margin({bottom:10,left:100})
5.            TextArea({ placeholder: '输入姓名' }).margin({bottom:10}).border({ width: 2 })
6.              .borderStyle(BorderStyle.Solid).width(300)
7.          }.width(300)
8.          .margin({top:10,bottom:10})
9.          //电话输入框
10.           ...
```

```
11.    //大小选择下拉框
12.    ...
13.      Row() {                                              //颜色选择区
14.      Text('颜色:').fontSize(30) .fontColor(0x000000).margin({bottom:10,left:100})
15.      Text(this.colorText).fontSize(30).fontColor(0x000000).margin({bottom:10,left:10})
16.       .width(200)
17.      }.width(200)
18.    .margin({top:15,bottom:15})
19.      Row(){                                               //颜色设置行1
20.      forEach(this.colors,item=>{
21.       Column(){
22.        Row(){
23.        }.backgroundColor(item)
24.         .width(this.sizz)
25.         .height(this.sizz)
26.        }.width(50).height(50)
27.      })
28.      }
29.    .margin({left:100,top:10,bottom:10})    Row(){        //颜色设置行2
30.      forEach(this.colors2,item=>{
31.       Column(){
32.        Row(){
33.        }.backgroundColor(item).width(this.sizz).height(this.sizz)
34.        }.width(50).height(50)
35.      })
36.      }.margin({left:100,top:10,bottom:10})
37.      Row(){                                               //图像单选框
38.      Text('图像:')).fontColor(0x000000).margin({bottom:10,left:100})
39.      //图像选择1
40.      Radio({ value: 'Radio1', group: 'radioGroup' })
41.       .checked(this.radioFlag1)
42.       .height(25)
43.       .width(25)
44.       .onChange((isChecked: boolean) => {
45.       this.radioFlag1 = true
46.       this.radioFlag2= false
47.       this.radioFlag3 = false
48.       if (this.firstRun == false) {
49.        this.change()
50.       }
51.      })
52.      Image($r("app.media.person1"))
53.       .width(50)
54.       .height(50)
55.      //图像选择2
56.    ...
57.      //图像选择3
58.    ...
59.      //单击按钮
```

```
60.        Button('生成二维码', { type: ButtonType.Capsule, stateEffect: true })
61.           .backgroundColor(Color.Blue)
62.           .height(50).width(200).margin({top:20,left:120})
63.      }.width('50%')
64.      Flex({direction: FlexDirection.Column,justifyContent: FlexAlign.Center,alignContent:FlexAlign.
Center}){
65.        Stack(){
66.         if (this.firstRun == false) {
67.          if(this.ProgressFlag == true)
68.          {
69.           Progress({ value:this.progressVal, total: 100, type: ProgressType.ScaleRing })
70.             .color(Color.Grey).width(100).margin({left:100})
71.             .style({ strokeWidth: 20, scaleCount: 20, scaleWidth: 5 })
72.          }
73.          else
74.          {
75.           QRCode(this.nameReal+this.phoneReal)
76.            .color(this.colorReal)
77.            .width(this.szReal)
78.            .height(this.szReal)
79.           if (this.radioFlag1 == true) {
80.            Image($r("app.media.person1"))        //在二维码上叠加一个头像
81.              .width(this.szReal * 0.2).height(this.szReal * 0.2)
82.              .border({width:2,color:Color.White})
83.           }
84.           if (this.radioFlag2 == true) {
85.            Image($r("app.media.person2"))        //在二维码上叠加一个头像
86.              .width(this.szReal*0.2).height(this.szReal*0.2)
87.              .border({width:2,color:Color.White})
88.           }
89.           if (this.radioFlag3 == true) {
90.            Image($r("app.media.person3"))        //在二维码上叠加一个头像
91.              .width(this.szReal*0.2).height(this.szReal*0.2)
92.              .border({width:2,color:Color.White})
93.           }
94.          }
95.         }
96.        }
97.      }.width('50%')
98.    } .backgroundColor('#E4ECF8')
```

上述代码中的颜色选择区使用了两个颜色数组的颜色来填充每个颜色矩形，颜色数组定义代码见代码清单 4-14。

代码清单 4-14

```
1.    //程序代码 4-14
2.    private colors:Array<any> = [Color.Yellow, Color.Orange, Color.Pink, Color.Brown,Color.Grey]
3.    private colors2:Array<any> = [Color.Green, Color.Blue,Color.Red,Color.Gray,Color.Black]
```

右侧 Flex 子组件用于放置二维码和进度条，二维码上需要附加图像，所以需要使用

stack 组件进行堆叠。根据需求，二维码和进度条不能同时显示，且首次运行时两者都不显示，所以这里需要增加逻辑处理，定义两个 boolean 类型私有变量 firstRun 和 ProgressFlag，分别表示是否初次运行和是否显示进度条。具体代码见代码清单 4-15。

代码清单 4-15

```
1.      Flex({ direction: FlexDirection.Row, justifyContent: FlexAlign.Center,alignContent:FlexAlign.
Center }) {
2.      Stack(){
3.        if (this.firstRun == false) {
4.         if(this.ProgressFlag == true)
5.         {
6.          Progress({ value:this.progressVal, total: 100, type: ProgressType.ScaleRing })
7.           .color(Color.Grey)
8.           .width(100)
9.           .margin({ left:100})
10.          .style({ strokeWidth: 20, scaleCount: 20, scaleWidth: 5 })
11.         }
12.        else
13.        {
14.         QRCode(this.nameReal+this.phoneReal)
15.          .color(this.colorReal)
16.          .width(this.szReal)
17.          .height(this.szReal)
18.         if (this.radioFlag1 == true) {
19.          Image($r("app.media.person1"))          //在二维码上叠加头像 1
20.           .width(this.szReal * 0.2)
21.           .height(this.szReal * 0.2)
22.           .border({width:2,color:Color.White})
23.         }
24.         if (this.radioFlag2 == true) {
25.          Image($r("app.media.person2"))          //在二维码上叠加头像 2
26.           .width(this.szReal*0.2)
27.           .height(this.szReal*0.2)
28.           .border({width:2,color:Color.White})
29.         }
30.         if (this.radioFlag3 == true) {
31.          Image($r("app.media.person3"))          //在二维码上叠加头像 3
32.           .width(this.szReal*0.2).height(this.szReal*0.2)
33.           .border({width:2,color:Color.White})
34.         }
35.         }
36.        }
37.       }
38.      }.width('50%')
39.      }.backgroundColor('#E4ECF8')
```

其中，progressVal 表示当前进度值，nameReal、phoneReal 分别为输入的姓名和电话信息，radioFlag 为头像单选框的选择值，值不同，所用图像也不同。

任务 2　实现二维码生成控制逻辑

任务目标

- ❖ 掌握进度条的动态更新方法
- ❖ 掌握 setInterval 的使用方法
- ❖ 能实现业务逻辑

任务陈述

1. 任务描述

本任务需要完成如下功能：

（1）首次执行时，输入姓名、电话，选择大小、颜色和图像后，单击按钮显示动态进度条，最后显示二维码，在二维码生成过程中按钮不可单击。

（2）非首次执行时，更新姓名、电话、大小、颜色或图像信息后即可刷新二维码。

2. 运行结果

二维码生成中运行结果如图 4-13 所示，最终显示效果如图 4-1 所示。

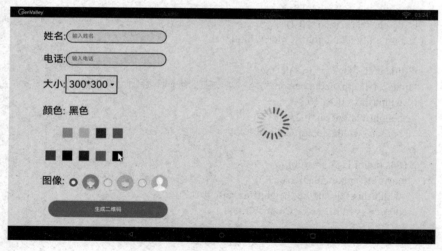

图 4-13　二维码生成中运行结果

知识准备

本任务涉及的 setInterval 定时器知识已在前面章节中介绍，此处不再赘述。

任务实施

1. 首次执行生成二维码

当姓名、电话、大小、颜色、图像中的任意信息改变时，会引起二维码刷新，所以需要分别定义对应的@State 状态变量作为二维码组件及图像组件的参数，在组件的相应事件中获取组件的内容，临时保存到私有变量中，当单击按钮时，用私有变量更新对应状态变量，就可以引起二维码的刷新。具体代码见代码清单 4-16。

代码清单 4-16

```
1.
2.    private name: string = ''
3.    @State nameReal: string = ''          //姓名
4.    private phone: string = ''
5.    @State phoneReal: string = ''         //电话
6.    private szIndex: number = 0
7.    private szVal: number = 300
8.    @State szReal: number = 300           //大小
9.    private szText:string = '300*300'
10.
11.   private colorVal: number = 0
12.   @State colorReal:number = 0           //颜色
13.   @State colorText:string = '选择颜色'
14.
15.   private radioFlag1:boolean = true     //单选框 1 选中标识
16.   private radioFlag2:boolean = false
17.   private radioFlag3:boolean = false
18.
19.   @State ProgressFlag:boolean = false   //进度条显示标识
20.   @State  progressVal:number= 10        //进度条进度值
21.   private InterValID:any = 0            //定时器 ID
22.
23.   @State firstRun:boolean = true        //首次执行标识
```

在上述变量定义中，私有变量 name、phone、szIndex、szVal、szText、colorVal、radioFlag1、radioFlag2、radioFlag3 用于临时保存相关组件的信息，状态变量 nameReal、phoneReal、szReal、colorReal 为二维码的设置参数。

在输入姓名、输入电话的 TextArea 组件的 onChange 事件中分别设置 name 及 phone 的值，在大小下拉选择组件的 onSelect 事件中设置 szIndex 的值，并使用 switch 选择结构根据 szIndex 的值设置 szVal 及 szText 的值，在颜色框的 onClick 事件中设置 colorVal 的值，并根据 colorVal 的值设置 colorText 的值，在图像单选组件的 onChange 事件中设置 radioFlag1、radioFlag2、radioFlag3 的值。在按钮的 onClick 事件中，用临时变量的值给对应状态变量赋值，二维码组件就可以自动刷新。但根据需求，在二维码生成刷新前，还需要显示进度条，所以还需要增加进度条显示的逻辑处理。

Progress 组件只能显示静态的进度条，为了实现动态的进度条效果，可以将进度值参数定义为状态变量，不断增大进度值，引起组件刷新，就可以实现动态效果。所以这里需要使用 setInterval 定时器，定时更新进度状态变量的值，当进度值达到 100 时，更新上述其他状态变量的值，即可实现预期效果。具体代码见代码清单 4-17。

代码清单 4-17

```
1.      imageShow(){
2.        this.InterValID = setInterval(()=>{
3.         this.progressVal = this.progressVal+10
4.         if (this.progressVal == 100) {
5.          console.log(this.szVal+")
6.          this.ProgressFlag = false
7.          clearInterval(this.InterValID)
8.          this.nameReal = this.name
9.          this.phoneReal = this.phone
10.         this.szReal = this.szVal
11.         this.colorReal = this.colorVal
12.         this.progressVal= 10
13.        }
14.      }, 100)
15.    }
16.    change(){
17.      this.ProgressFlag = true
18.      this.firstRun = false
19.      this.imageShow()
20.    }
```

imageShow 函数调用了 setInterval 函数来定时改变进度值状态变量 progressVal 的值，引起进度条组件不断动态刷新，当其值达到 100 时，设置其他状态变量的值，显示刷新后的二维码。change 函数调用了 imageShow 函数，并将进度条显示状态值设为 true，首次执行状态值设为 false。change 函数在按钮的单击事件中被调用，即可实现先显示进度条，再显示二维码的功能。

由于在二维码生成过程中不允许再单击按钮，所以需要在按钮的布局显示处增加判断语句，若 ProgressVal 的值为 false，则显示正常的按钮，若 ProgressVal 的值为 true，则显示的按钮颜色变成灰色，且没有 onClick 事件。

2. 非首次执行生成二维码

前面已经完成了首次执行时单击按钮生成二维码的功能，现在只需要再添加非首次执行时姓名、电话、大小、颜色、图像的改变直接触发二维码刷新的功能。在下拉选择组件的 onSelect 事件、颜色框的 onClick 事件、图像单选组件的 onChange 事件中分别添加逻辑判断，判断是否为首次执行，如果不是，则调用 change 函数实现二维码刷新功能。

项 目 小 结

本项目主要讲述了 ArkTS 中 TextArea、Radio、Select、Progress、QRcode、Flex 组件

的使用以及数组的定义与遍历等知识，重点是基础组件的使用方法。

习　题

一、选择题

1. 下列属于容器组件的是（　　　）。
   A．Button　　　　　B．Progress　　　　　C．Row　　　　　D．Image
2. 下列关于二维码组件的说法中，错误的是（　　　）。
   A．二维码的大小可以设置　　　　　B．二维码的颜色可以设置
   C．二维码的文本信息可以设置　　　　D．二维码的头像可以设置
3. 下列关于容器组件的说法中，错误的是（　　　）。
   A．Row 组件是行容器组件　　　　　B．Column 组件是列容器组件
   C．Flex 组件是固定布局容器组件　　　D．Stack 组件是可堆叠子组件
4. 下列关于装饰器的说法中，错误的是（　　　）。
   A．@Entry、@Component、@State 等都是装饰器
   B．@State 装饰器定义的状态变量可引起 UI 刷新
   C．@State 装饰器定义的状态变量支持多种数据类型
   D．@State 装饰器定义的状态变量定义时不必初始化
5. 下列关于数组的说法中，错误的是（　　　）。
   A．定义数组时必须明确指定数据类型　　B．数组有两种定义方式
   C．可以使用 for 语法遍历数组　　　　D．可以使用 forEach 语法遍历数组

二、填空题

1. Radio 组件支持_____事件。
2. Progress 组件的 ProgressType 参数类型有：_____、_____、_____、_____、_____。
3. Flex 布局组件的 FlexAlign 参数类型有：_____、_____、_____、_____、_____。
4. Flex 布局组件的 ItemAlign 参数类型有：_____、_____、_____、_____、_____。
5. forEach 的作用是：_____。

項目4答案　　　　項目4代码　　　　項目4课件

项 5 目

学生抽奖系统

　　本项目需要实现一个简单的学生抽奖应用。该应用在页面上方放置一个"开始抽奖"按钮及学生姓名显示文本框，下方为待抽奖的学生显示区，包含学生的头像、姓名及学号信息。当单击"开始抽奖"按钮时，蓝色头像会随机在学生头像区跳转，并且跳转的速度先快后慢，文本框中的学生姓名也会随着跳转而变化，当停止跳转时，头像为蓝色的同学为中奖同学，文本框显示该学生的姓名，并弹出中奖提示框。学生中奖页面效果如图 5-1 所示。

图 5-1　学生中奖页面效果

 **教学导航**

教学目标	知识目标： 掌握 ArkTS 中 Grid 布局组件的使用方法 掌握 ArkTS 中 GridItem 子组件的使用方法 掌握 ArkTS 中 AlertDialog 组件的使用方法 掌握 ArkTS 中 Random 函数的使用方法 掌握 ArkTS 中 setTimeout 定时器的使用方法 掌握 ArkTS 中接口的使用方法 掌握 ArkTS 中 LazyForEach 组件的使用方法 能力目标： 具备根据需求实现页面布局的能力 具备根据需求实现业务逻辑的能力 素质目标： 培养阅读鸿蒙官网开发者文档的能力 培养科学逻辑思维 培养学生的学习兴趣与创新精神 培养规范编码的职业素养
教学重点	使用 ArkTS 实现 UI 布局 Grid 布局组件的用法 定时器的使用方法 LazyForEach 组件的使用方法
教学难点	Grid 布局组件的应用 定时器的用法 LazyForEach 组件的使用方法
课时建议	12 课时

任务 1　初始页面布局

任务目标

- ❖ 掌握使用 ArkTS 实现 UI 布局的方法
- ❖ 掌握 Grid 布局组件的用法
- ❖ 掌握组件样式属性的使用方法
- ❖ 掌握 LazyForEach 组件的使用方法

任务陈述

1. 任务描述

在应用启动时，显示学生抽奖系统页面。

（1）放置姓名显示文本框和"开始抽奖"按钮。

（2）使用 Grid 布局组件分区显示各学生头像、姓名及学号信息。

2. 运行结果

学生抽奖系统初始页面运行结果如图 5-2 所示。

图 5-2 学生抽奖系统初始页面运行结果

知识准备

1. Grid 布局组件

Grid 布局组件为网格容器，由"行"和"列"分割的单元格组成，通过指定"项目"所在的单元格进行各种布局。

1）接口

接口为 Grid(scroller?: Scroller)。

2）参数

Grid 布局组件的接口参数见表 5-1。

表 5-1 Grid 布局组件的接口参数

参 数 名 称	参 数 类 型	是否必填	参 数 描 述
scroller	Scroller	否	可滚动组件的控制器，用于和可滚动组件进行绑定

3）属性

Grid 布局组件除了支持通用属性，还支持表 5-2 中的属性。

表 5-2　Grid 布局组件的属性

属 性 名 称	参 数 类 型	参 数 描 述
columnsTemplate	string	设置当前网格布局列的数量，不设置时默认为一列。 例如，'1fr 1fr 2fr'是将父组件分为三列，将父组件允许的宽分为四等份，第一列占一份，第二列占一份，第三列占两份
rowsTemplate	string	设置当前网格布局行的数量，不设置时默认为一行。 例如，'1fr 1fr 2fr'是将父组件分为三行，将父组件允许的高分为四等份，第一行占一份，第二行占一份，第三行占两份
columnsGap	Length	设置列与列的间距。 默认值：0
rowsGap	Length	设置行与行的间距。 默认值：0
scrollBar	BarState	设置滚动条的状态。 默认值：BarState.Off
scrollBarColor	string|number|Color	设置滚动条的颜色
scrollBarWidth	string|number	设置滚动条的宽度
cachedCount	number	设置预加载的 GridItem 的数量。 默认值：1
layoutDirection	GridDirection	设置布局的主轴方向。 默认值：GridDirection.Row

GridDirection 参数说明见表 5-3。

表 5-3　GridDirection 参数说明

参 数 名 称	参 数 描 述
Row	主轴沿水平方向布局，即自左向右先填满一行，再填下一行
Column	主轴沿垂直方向布局，即自上向下先填满一列，再填下一列
RowReverse	主轴沿水平方向反向布局，即自右向左先填满一行，再填下一行
ColumnReverse	主轴沿垂直方向反向布局，即自下向上先填满一列，再填下一列

Grid 布局组件根据 rowsTemplate、columnsTemplate 属性的设置情况，可分为以下三种布局模式。

（1）rowsTemplate、columnsTemplate 同时设置。Grid 只展示固定行列数的元素，其余元素不展示，且 Grid 不可滚动。例如 rowsTemplate、columnsTemplate 都设置为"1fr 1fr"时，仅展示两行两列，共四个元素，其他元素不展示。

此模式下，layoutDirection、maxCount、minCount、cellLength 属性不生效。

（2）rowsTemplate、columnsTemplate 仅设置其中的一个。元素按照设置的方向进行排布，超出的元素可通过滚动的方式展示。例如 Grid 有十个元素，且设置 columnsTemplate 为"1fr 1fr 1fr"，则 Grid 有三列，元素先填满一行，再填下一行。在 Grid 区域外的元素，可通过竖直方向滚动进行展示。

此模式下，layoutDirection、maxCount、minCount、cellLength 属性不生效。

（3）rowsTemplate、columnsTemplate 都不设置。元素在 layoutDirection 方向上排布，列数由 Grid 的宽度、首个元素的宽度、minCount、maxCount 及 columnsGap 共同决定；行数由 Grid 的高度、首个元素的高度、cellLength 及 rowsGap 共同决定。超出行列容纳范围的元素不显示，也不能通过滚动进行展示。

此模式下，仅 layoutDirection、maxCount、minCount、cellLength、editMode、columnsGap、rowsGap 属性生效。

4）事件

Grid 布局组件支持点击事件、滚动事件及拖动事件，见表 5-4。

表 5-4　Grid 布局组件的事件

事 件 名 称	功 能 描 述
onClick(event:(event?: ClickEvent) =>void)	点击动作触发该回调
onScrollIndex(event:(first: number)=>void)	当前网格显示的起始位置 item 发生变化时触发。 —first：当前显示的网格起始位置的索引值
onItemDragStart(event:(event:ItemDragInfo,itemIndex: number) =>(() =>any)|void)	开始拖曳网格元素时触发。 —event：见 ItemDragInfo 对象说明。 —itemIndex：被拖曳网格元素索引值
onItemDragEnter(event:(event:ItemDragInfo)=> void)	拖曳进入网格元素范围内时触发。 —event：见 ItemDragInfo 对象说明
onItemDragMove(event:(event:ItemDragInfo,itemIndex: number, insertIndex number) => void)	拖曳在网格元素范围内移动时触发。 —event：见 ItemDragInfo 对象说明。 —itemIndex：拖曳起始位置。 —insertIndex：拖曳插入位置
onItemDragLeave(event:(event:ItemDragInfo,itemIndex: number)=>void)	拖曳离开网格元素时触发。 —event：见 ItemDragInfo 对象说明。 —itemIndex：拖曳离开的网格元素索引值

Grid 布局组件示例代码见代码清单 5-1。

代码清单 5-1

```
1.    @Entry
2.    @Component
3.    struct Index {
4.      build(){
5.        Grid(){
6.        }.columnsTemplate('1fr 1fr 1fr 1fr 1fr')
7.        .rowsTemplate('1fr 1fr 1fr 1fr 1fr')
8.        .columnsGap(10)
9.        .rowsGap(10)
10.       .width('90%')
11.       .backgroundColor(0xFAEEE0)
12.       .height(300)
13.       .onClick(()=>{
14.         console.log('grid clicked')
```

```
15.    })
16.    }
17.  }
```

程序运行结果如图 5-3 所示。

图 5-3　Grid 布局组件运行结果

上述代码指定了行、列模板，但是效果图中只显示一个网格，Grid 布局组件需要配合 GridItem 子组件一起使用才能展现网格效果。

2. GridItem 子组件

GridItem 子组件是网格容器 Grid 中的单项内容容器。

1）接口

接口为 GridItem()。

2）参数

GridItem 子组件无接口参数。

3）属性

GridItem 子组件除了支持通用属性，还支持表 5-5 中的属性。

表 5-5　GridItem 子组件的属性

属 性 名 称	参 数 类 型	参 数 描 述
rowStart	number	指定当前元素起点行号
rowEnd	number	指定当前元素终点行号
columnStart	number	指定当前元素起点列号
columnEnd	number	指定当前元素终点列号
forceRebuild	boolean	设置在触发组件 build 时是否重新创建此节点。 默认值：false
selectable	boolean	当前 GridItem 元素是否可以被鼠标框选。 说明：外层 Grid 容器的鼠标框选开启时，GridItem 的框选才生效。 默认值：true

GridItem 子组件示例代码见代码清单 5-2。

代码清单 5-2

```
1.    @Entry
2.    @Component
3.    struct Index {
4.     private Number: String[] = ['g', 'r', 'i', 'd']
5.     build(){
6.      Column({ space: 5 }) {
7.       Grid() {
8.        forEach(this.Number, (day: string) => {
9.         forEach(this.Number, (day: string) => {
10.         GridItem() {
11.          Text(day)
12.           .fontSize(16)
13.           .backgroundColor(0xF9CF93)
14.           .width('100%')
15.           .height('100%')
16.           .textAlign(TextAlign.Center)
17.         }
18.        }, day => day)
19.       }, day => day)
20.      }
21.      .columnsTemplate('1fr 1fr 1fr 1fr ')
22.      .rowsTemplate('1fr 1fr 1fr 1fr ')
23.      .columnsGap(10)
24.      .rowsGap(10)
25.      .width('90%')
26.      .backgroundColor(0xFAEEE0)
27.      .height(300)
28.     }
29.    }
30.   }
```

程序运行结果如图 5-4 所示。

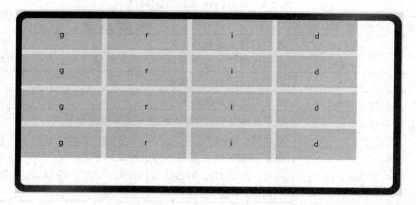

图 5-4 GridItem 子组件运行结果

3．LazyForEach 组件

前面在构造子组件时，使用的是 forEach 遍历数组，这种方式是一次性构造所有子组件，当子组件非常多时，效率会很低，可以使用 LazyForEach 组件进行数组遍历。LazyForEach 组件可以先构造出可视区域部分的组件，用于页面展示，当滚动滚动条时，再构造出对应部分的组件，避免一次性构造出所有子组件，从而提高效率，这种加载方式称为懒加载。

1）接口

接口为 LazyForEach(dataSource: IDataSource, itemGenerator: (item: any) => void, keyGenerator?: (item: any) => string):void。

2）参数

LazyForEach 组件的接口参数见表 5-6。

表 5-6　LazyForEach 组件的接口参数

参 数 名 称	参 数 类 型	是 否 必 填	参 数 描 述
dataSource	IDataSource	是	实现 IDataSource 接口的对象，需要开发者实现相关接口
itemGenerator	(item:any)=>void	是	生成子组件的 lambda 函数，为给定数组项生成一个或多个子组件，单个组件和子组件列表必须括在 "{...}" 中
keyGenerator	(item:any)=>string	否	匿名函数，用于键值生成，为给定的数组生成唯一且稳定的键值

IDataSource 参数说明见表 5-7。

表 5-7　IDataSource 参数说明

参 数 名 称	参 数 描 述
totalCount(): number	获取数据总数
getData(index: number): any	获取索引对应的数据
registerDataChangeListener(listener:DataChangeListener): void	注册改变数据的控制器
unregisterDataChangeListener(listener:DataChangeListener): void	注销改变数据的控制器

DataChangeListener 参数说明见表 5-8。

表 5-8　DataChangeListener 参数说明

参 数 名 称	参 数 描 述
onDataReloaded():void	重新加载所有数据
onDataAdd(index:number):void	通知组件 index 的位置有数据添加
onDataMove(from:number,to:number):void	通知组件数据从 from 的位置移到 to 的位置
onDataDelete(index:number):void	通知组件 index 的位置有数据删除
onDataChange(index:number):void	通知组件 index 的位置有数据变化

LazyForEach 组件的使用需要注意以下几点。

（1）数据懒加载必须在容器组件内使用，且仅有 List、Grid 及 Swiper 组件支持数据的懒加载（即只加载可视部分及其前后少量数据用于缓冲），其他组件仍然是一次加载所有数据。

（2）LazyForEach 组件在每次迭代中，必须创建且只能创建一个子组件。

（3）生成的子组件必须允许在 LazyForEach 组件的父容器组件中。

（4）允许 LazyForEach 组件包含在 if/else 条件渲染语句中，不允许 LazyForEach 组件中出现 if/else 条件渲染语句。

LazyForEach 组件示例代码见代码清单 5-3。

代码清单 5-3

```
1.    class BasicDataSource implements IDataSource {
2.      private listeners: DataChangeListener[] = []
3.      public totalCount(): number {
4.        return 0
5.      }
6.      public getData(index: number): any {
7.        return undefined
8.      }
9.      registerDataChangeListener(listener: DataChangeListener): void {
10.       if (this.listeners.indexOf(listener) < 0) {
11.         console.info('add listener')
12.         this.listeners.push(listener)
13.       }
14.     }
15.     unregisterDataChangeListener(listener: DataChangeListener): void {
16.       const pos = this.listeners.indexOf(listener);
17.       if (pos >= 0) {
18.         console.info('remove listener')
19.         this.listeners.splice(pos, 1)
20.       }
21.     }
22.     notifyDataReload(): void {
23.       this.listeners.forEach(listener => {
24.         listener.onDataReloaded()
25.       })
26.     }
27.     notifyDataAdd(index: number): void {
28.       this.listeners.forEach(listener => {
29.         listener.onDataAdd(index)
30.       })
31.     }
32.     notifyDataChange(index: number): void {
33.       this.listeners.forEach(listener => {
34.         listener.onDataChange(index)
35.       })
```

```
36.      }
37.      notifyDataDelete(index: number): void {
38.      this.listeners.forEach(listener => {
39.        listener.onDataDelete(index)
40.      })
41.    }
42.    notifyDataMove(from: number, to: number): void {
43.      this.listeners.forEach(listener => {
44.        listener.onDataMove(from, to)
45.      })
46.    }
47.  }
48.  class MyDataSource extends BasicDataSource {
49.    private dataArray: string[] = ['g', 'r', 'i', 'd','g', 'r', 'i', 'd','g', 'r', 'i', 'd','g', 'r', 'i', 'd']
50.    public totalCount(): number {
51.      return this.dataArray.length
52.    }
53.    public getData(index: number): any {
54.      return this.dataArray[index]
55.    }
56.    public addData(index: number, data: string): void {
57.      this.dataArray.splice(index, 0, data)
58.      this.notifyDataAdd(index)
59.    }
60.    public pushData(data: string): void {
61.      this.dataArray.push(data)
62.      this.notifyDataAdd(this.dataArray.length - 1)
63.    }
64.  }
65.  @Entry
66.  @Component
67.  struct Index {
68.    private data: MyDataSource = new MyDataSource()
69.    build() {
70.      Column({ space: 5 }) {
71.        Grid() {
72.          LazyForEach(this.data, (day: string) => {
73.            GridItem() {
74.              Text(day).fontSize(16).backgroundColor(0xF9CF93)
75.                .width('100%').height('100%').textAlign(TextAlign.Center)
76.            }
77.          }, day => day)
78.        }
79.        .columnsTemplate('1fr 1fr 1fr 1fr ')
80.        .rowsTemplate('1fr 1fr 1fr 1fr ')
81.        .columnsGap(10)
82.        .rowsGap(10)
```

```
83.          .width('90%')
84.          .backgroundColor(0xFAEEE0)
85.          .height(300)
86.        }
87.      }
88.    }
```

程序运行结果与图 5-4 一致。

4. 接口定义

ArkTS 中的接口类似于 C 语言中的结构体类型，可以使用接口来定义复合数据类型，具体代码见代码清单 5-4。

代码清单 5-4

```
1.    declare interface 接口名称{
2.    }
3.    如：declare interface Studentinfo{
4.      id: number,
5.      name:string
6.    }
7.    接口变量定义：
8.    private ss:Studentinfo={
9.      id:1,
10.     name:"name"
11.   }
```

其中，declare 为声明关键字，interface 为接口关键字，接口名称不要包含汉字。接口内的变量访问使用点操作符，如 ss.id＝2。接口定义在组件定义外部。

任务实施

1. 新建工程

打开 DevEco Studio，新建一个工程并选择 OpenHarmony 的 Empty Ability（注意，这里不能选择 HarmonyOS）。

单击 Next 按钮后，在弹出的界面中设置工程名为 XueSChoujiang，其他信息使用默认值，设置完成后，单击 Finish 按钮完成工程创建，如图 5-5 所示。

2. 完成页面布局

在页面上方放置一个 Row 容器组件，在容器组件内放置一个 Text 组件和 Button 组件。Text 组件用于显示应用名称及抽奖学生的姓名，Button 组件用于实现单击抽奖功能。Row 容器组件下方为 Grid 容器组件，用于显示学生的基本信息（头像、姓名、学号）。学生信息由接口定义，由于有多个学生信息需要保存，所以需要定义一个接口数组变量。具体代码见代码清单 5-5。

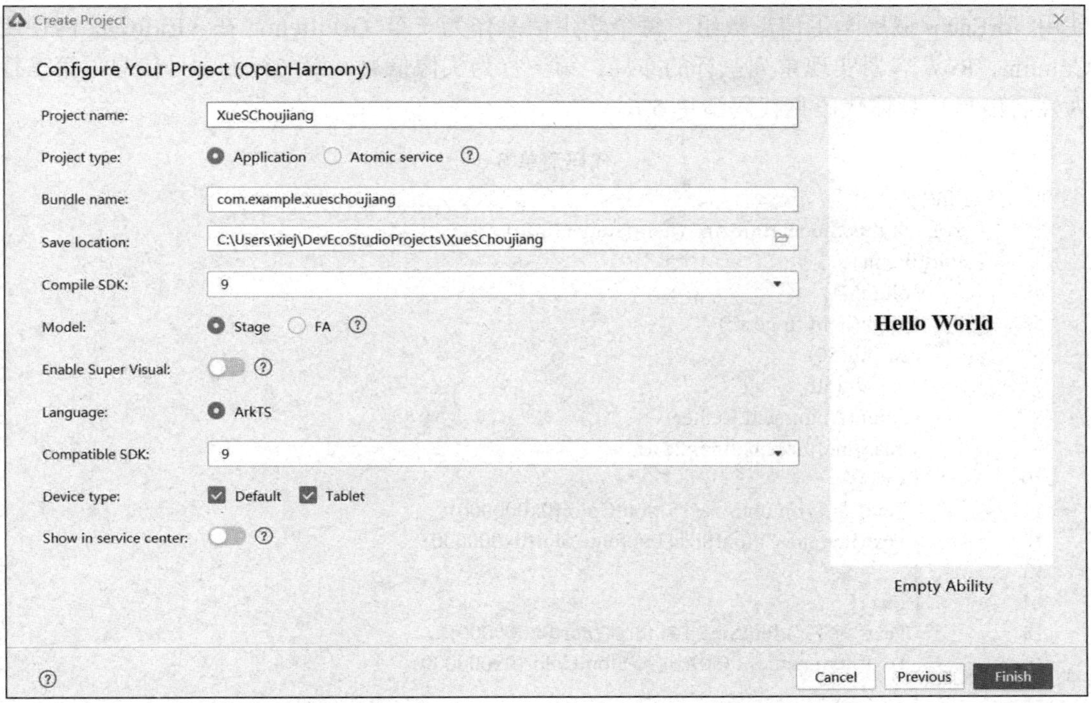

图 5-5　工程具体信息

代码清单 5-5

```
1.    //程序代码 5-5
2.      declare interface StudentInfo{
3.      Imgesrc:Resource,
4.      id: number,
5.      name:string
6.      }
7.    private StudentInfoArr:Array<StudentInfo> = [
8.      { Imgesrc:$r('app.media.head'),
9.       id:1,
10.      name:'student1'
11.     }, { Imgesrc:$r('app.media.head'),
12.      id:2,
13.      name:'student2'
14.     },
15.     ...
16.     , { Imgesrc:$r('app.media.head'),
17.      id:40,
18.      name:'student40'
19.     }
20.    ]
```

在接口中,头像信息使用路径来保存,接口数组的大小为 40,初始头像路径的值都相同,学号和姓名不同。学生信息定义好后,就可以用来构造学生信息网格,在 Grid 组件内,使用 forEach 遍历学生信息数组，每个学生信息作为一个 GridItem，在 GridItem 内使用 Column、Row 容器实现单列三行的布局，第一行为头像信息，第二行为学号信息，第三行为姓名信息。具体代码见代码清单 5-6。

代码清单 5-6

```
1.    Grid(){
2.    forEach(this.StudentInfoArr, (item:StudentInfo) => {
3.     GridItem() {
4.       Column(){
5.       Image(item.Imgesrc)
6.        .width(50)
7.        .height(50)
8.        .align(Alignment.Center)
9.        .margin({top:2,bottom:2})
10.       Row(){
11.       Text('学号:').fontSize(15).fontColor(0x000000)
12.       Text(item.id+").fontSize(15).fontColor(0x000000)
13.       }
14.       Row(){
15.       Text('姓名:').fontSize(15).fontColor(0x000000)
16.       Text(item.name).fontSize(15).fontColor(0x000000)
17.       }
18.      }.align(Alignment.Center)
19.       .width(145)
20.       .height(90)
```

任务2　实现抽奖控制逻辑

任务目标

- ❖ 掌握 AlertDialog 组件的使用方法
- ❖ 掌握 setTimeout 定时器的使用方法
- ❖ 掌握 random 函数的使用方法
- ❖ 实现业务逻辑

任务陈述

1. 任务描述

本任务需要完成如下功能：

（1）单击"开始抽奖"按钮时，蓝色头像会随机在学生头像区跳转，并且跳转的速度先快后慢。

（2）文本框随着头像的跳转显示对应学生的姓名，在跳转停止时，弹出中奖提示框。

（3）抽奖过程中，"开始抽奖"按钮不可再次单击。

2. 运行结果

学生抽奖过程运行结果如图 5-6 所示，最终显示效果如图 5-1 所示。

图 5-6 学生抽奖过程运行结果

知识准备

1. AlertDialog 组件

AlertDialog 是显示警告弹窗组件，可设置文本内容与响应回调，通过调用 show 属性定义并显示组件。show 属性见表 5-9。

表 5-9 show 属性

属 性 名 称	参 数 类 型	参 数 描 述
show	AlertDialogParamWithConfirm|AlertDialogParamWithButtons	定义并显示 AlertDialog 组件

AlertDialogParamWithConfirm 对象说明见表 5-10。

表 5-10 AlertDialogParamWithConfirm 对象说明

参 数 名 称	参 数 类 型	参 数 描 述
title	ResourceStr	弹窗标题
message	ResourceStr	必填项；弹窗内容
autoCancel	boolean	点击遮障层时，是否关闭弹窗。默认值：true

参 数 名 称	参 数 类 型	参 数 描 述
confirm	{value:ResourceStr,fontColor?:ResourceColor, backgroundColor?:ResourceColor,action:()=> void}	确认按钮的文本内容、文本颜色、按钮背景颜色和点击回调
cancel	() => void	点击遮障层关闭 dialog 时的回调
alignment	DialogAlignment	弹窗在竖直方向上的对齐方式。默认值：DialogAlignment.Default
offset	Offset	弹窗相对 alignment 所在位置的偏移量
gridCount	number	弹窗容器宽度占用的栅格数

AlertDialogParamWithButtons 对象说明见表 5-11。

表 5-11　AlertDialogParamWithButtons 对象说明

参 数 名 称	参 数 类 型	参 数 描 述
title	ResourceStr	弹窗标题
message	ResourceStr	必填项；弹窗内容
autoCancel	boolean	点击遮障层时，是否关闭弹窗。默认值：true
primaryButton	{value:ResourceStr,fontColor?:ResourceColor, backgroundColor?:ResourceColor,action:()=> void;}	按钮的文本内容、文本颜色、按钮背景颜色和点击回调
secondaryButton	{value:ResourceStr,fontColor?:ResourceColor, backgroundColor?:ResourceColor,action:() => void;}	按钮的文本内容、文本颜色、按钮背景颜色和点击回调
cancel	() => void	点击遮障层关闭 dialog 时的回调
alignment	DialogAlignment	弹窗在竖直方向上的对齐方式。默认值：DialogAlignment.Default
offset	Offset	弹窗相对 alignment 所在位置的偏移量
gridCount	number	弹窗容器宽度占用的栅格数

DialogAlignment 枚举见表 5-12。

表 5-12　DialogAlignment 枚举

参 数 值	功 能 描 述
Top	垂直顶部对齐
Center	垂直居中对齐
Bottom	垂直底部对齐
Default	默认对齐

AlertDialog 组件示例代码见代码清单 5-7。

代码清单 5-7

```
1.    @Entry
2.    @Component
3.    struct Index {
4.     build(){
5.      Button('button dialog')
6.       .onClick(() => {
7.        AlertDialog.show(
8.          {
9.           title: 'title',
10.          message: 'text',
11.          autoCancel: true,
12.          alignment: DialogAlignment.Center,
13.          offset: { dx: 0, dy: -20 },
14.          gridCount: 3,
15.          confirm: {
16.           value: 'button',
17.           action: () => {
18.            console.info('Button-clicking callback')
19.           }
20.          },
21.          cancel: () => {
22.           console.info('Closed callbacks')
23.          }
24.         }
25.        )
26.       })
27.       .backgroundColor(0x317afe)
28.     }
29.    }
```

程序运行结果如图 5-7 所示。

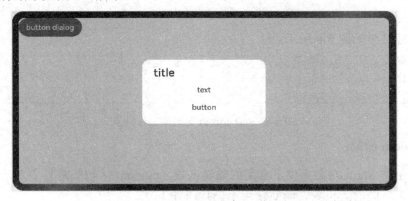

图 5-7　AlertDialog 组件运行结果

2. setTimeout 定时器

setTimeout 函数可用于设置一个定时器，在到达设定时间之后执行指定的回调函数，其定义格式如下。

```
setTimeout(callback,delay);
```

setTimeout 函数传入一个回调函数 callback，当到达延迟时间 delay（单位：毫秒）后，再执行该回调函数。setTimeout 函数返回一个整数，表示定时器的 ID。函数使用示例代码如下。

```
var timeoutID=setTimeout(function(){
console.log('setTimeout')
},1000)
```

定时器设置后还可以通过 clearTimeout 函数取消，其定义格式如下。

```
clearTimeout(timeoutID);
```

该函数的传入参数为定时器的 ID，即 setTimeout 函数的返回值。

setTimeout 定时器示例代码见代码清单 5-8。

代码清单 5-8

```
1.    struct Index {
2.     build() {
3.      Column() {
4.       Button('OK', { type: ButtonType.Capsule, stateEffect: true })
5.        .backgroundColor(Color.Blue)
6.        .width(100)
7.        .onClick((event: ClickEvent)=>{
8.         console.log('1');
9.         setTimeout(function(){console.log('2')},1000);
10.        console.log('3');
11.       })
12.     }
13.    }
14.   }
```

程序运行结果如图 5-8 所示。

```
[default][Console   DEBUG]  03/27 20:53:23 20792   app Log: 1
[default][Console   DEBUG]  03/27 20:53:23 20792   app Log: 3
[default][Console   DEBUG]  03/27 20:53:24 20792   app Log: 2
```

图 5-8   setTimeout 定时器运行结果

3. random 函数

ArkTS 中的 Math 对象提供了常用的数学函数，random 函数就是其中之一，该函数可以生成 0 到 1 之间的随机数，函数使用示例代码如下。

```
var radomVal = Math.random()
```

random 函数示例代码见代码清单 5-9。

代码清单 5-9

```
1.    @Entry
2.    @Component
3.    struct Index {
4.     build() {
5.      Column() {
6.       Button('OK', { type: ButtonType.Capsule, stateEffect: true })
7.         .backgroundColor(Color.Blue)
8.         .width(100)
9.         .onClick((event: ClickEvent)=>{
10.         console.log(Math.random()+")
11.        })
12.       }
13.     }
14.    }
```

程序运行结果如图 5-9 所示。

```
[default][Console  DEBUG]  03/27 20:56:08 7916   app Log: 0.9398113498194618
```

图5-9   random函数运行结果

任务实施

1. 单击抽奖功能实现

当单击"开始抽奖"按钮时,随机产生被选中学生的学号,将被选中学生的头像变成蓝色,同时在上方的文本框中显示对应学生的姓名。间隔一定时间后,再次生成新的学号,更新对应学生的头像及姓名显示,如此实现跳转的效果,同时不断增大间隔时间,实现跳转先快后慢的效果,当间隔时间超过设定的值时,停止跳转。使用 setTimeout 定时器,通过改变延时参数来实现间隔时间的变化,从而控制跳转速度的变化。具体代码见代码清单 5-10。

代码清单 5-10

```
1.    private idVal:number = 0;           //定时器 ID
2.    private speed:number = 200;         //滚动速度控制变量
3.    private stopPos:number = 0;         //滚动停止位置
4.    @State textCont:string  = '学生抽奖系统'
5.    private randomId:number = -1
6.    change(){
7.     if (this.speed > this.stopPos) {
8.      clearTimeout(this.idVal)
9.      this.randomId= Math.floor((Math.random()*1000)%40)
10.     console.log(this.randomId +');
11.     this.speed+=20;
12.     this.textCont = this.StudentInfoArr[this.randomId].name;
13.     this.idVal = setTimeout(()=>{
```

```
14.        this.change();
15.      }, this.speed)
16.    }
17.    build() {
18.     Column() {
19.      Row(){
20.       Text(this.textCont).width(300).height(50)
21.        .fontSize(25).fontColor(0x000000)
22.        .align(Alignment.Center).margin({left:50, top:20,bottom:10})
23.       Button('开始抽奖', { type: ButtonType.Capsule, stateEffect: true })
24.         .fontSize(30)
25.         .backgroundColor(Color.Blue)
26.         .width(200).height(50)
27.         .margin({left:50,bottom:10})
28.         .onClick((event: ClickEvent)=>{
29.          this.speed=200
30.          this.stopPos = Math.floor(Math.random()*1000+200)
31.          this.change();
32.         })
33.      }
34.      Grid(){
35.       forEach(this.StudentInfoArr, (item:StudentInfo) => {
36.        GridItem() {
37.         if (item.id-1 == this.randomId) {
38.          Column(){
39.           Image($r('app.media.select'))
40.            .width(50).height(50).align(Alignment.Center).margin({top:2,bottom:2})
41.           Row(){
42.            Text('学号:').fontSize(15).fontColor(0x000000)
43.            Text(item.id+").fontSize(15).fontColor(0x000000)
44.           }
45.           Row(){
46.            Text('姓名:').fontSize(15).fontColor(0x000000)
47.            Text(item.name).fontSize(15).fontColor(0x000000)
48.           }
49.          }.align(Alignment.Center)
50.          //.backgroundColor('#8CFBA2')
51.          .width(145)
52.          .height(90)
53.         }
54.         else
55.         {
56.          //初始布局代码
57.         }
58.        }
59.       }, item => item.id)
60.      }.columnsTemplate('1fr 1fr 1fr 1fr 1fr 1fr 1fr 1fr')
61.       .columnsGap(10)
62.       .rowsGap(10)
```

```
63.    }
64.  }
```

在上述变量定义中，speed 为定时器初始延时执行时间，stopPos 为定时器结束时的间隔时间，单击按钮时会赋值。状态变量 textCont 为文本框中显示的内容，每当发生变化时就会引起页面刷新。change 函数实现逻辑控制，首先判断当前定时器执行的延时时间是否大于设定值，若大于设定值，则终止执行，否则重新生成学生的学号，改变延时时间，更新学生姓名，重新设置定时器，递归调用 change 函数。在按钮的点击事件函数中设定初始的间隔时间及结束位置。在 GridItem 子组件中增加判断逻辑，若当前子组件对应的学生学号等于随机产生的中奖学生的学号，则使用蓝色头像作为显示图像。

2. 功能完善

前面已经实现单击抽奖功能，但是还需进行一定的完善。第一，"开始抽奖"按钮从抽奖开始后到抽奖结束前不能被再次单击，可以将"开始抽奖"按钮变为灰色并取消点击事件；第二，当抽奖结束时弹框提示获奖信息。具体代码见代码清单 5-11。

代码清单 5-11

```
1.   @State btnFlag:boolean = true
2.   change(){
3.    if (this.speed > this.stopPos) {
4.     this.btnFlag = true
5.     clearTimeout(this.idVal)
6.     AlertDialog.show(
7.       {
8.        title: '信息',
9.        message: "恭喜"+this.textCont +"同学中奖",
10.       autoCancel: true,
11.       alignment: DialogAlignment.Center,
12.       offset: { dx: 0, dy: -20 },
13.       gridCount: 3,
14.       confirm: {
15.        value: '关闭',
16.        action: () => {
17.        }
18.       },
19.       cancel: () => {
20.       }
21.      }
22.     )
23.     return;
24.    }
25.    ...
26.  }
27.
28.  build() {
29.   Column() {
30.    Row(){
```

```
31.    ...
32.       if (this.btnFlag == true) {
33.         ...
34.       }
35.       else{
36.        Button('开始抽奖', { type: ButtonType.Capsule, stateEffect: true })
37.         .fontSize(30)
38.         .backgroundColor(Color.Gray)
39.         .width(200)
40.         .height(50)
41.         .margin({left:50,bottom:10})
42.       }
43.     }
44.   }
45.   }
```

其中，状态变量 btnFlag 表示"开始抽奖"按钮是否可以单击，初始值为 true，表示可以单击，当单击按钮后其值变为 false，抽奖结束时其值又变为 true。在 build 内增加按钮是否可以单击的判断，当不可以单击时，修改按钮的颜色为灰色，同时取消点击事件。当满足抽奖结束条件时，在 change 函数中增加警示弹框提示获奖信息。

项 目 小 结

本项目主要讲述了 ArkTS 中 Grid、GridItem、LazyForEach、AlertDialog 组件的使用方法及接口定义，以及 setTimeout、random 函数的使用方法，重点是基础组件的使用方法。

习 题

一、选择题

1. 下列关于 Grid 组件的说法中，错误的是（　　）。
   A. Grid 组件是可设置行列数的网格容器组件
   B. rowsTemplate 属性用于设置行数
   C. columnsTemplate 属性用于设置列数
   D. Grid 组件在使用时必须包含子组件 GridItem

2. 下列关于 GridDirection 参数的说法中，错误的是（　　）。
   A. GridDirection 参数用于设置布局的主轴方向
   B. GridDirection 参数的取值有 5 个
   C. Row 及 RowReverse 用于控制水平布局
   D. Column 及 ColumnReverse 用于控制垂直布局

3. 下列选项中，不属于 Grid 组件支持的事件是（　　）。

  A．onClick　　　　　　　B．onScrollIndex

  C．onItemDragStart　　　D．onSelect

4．下列关于警告弹窗组件的说法中，错误的是（　　　）。

  A．弹窗样式有两种选择

  B．弹窗标题及内容都可以为空

  C．AlertDialogParamWithConfirm 对象类型弹窗只有一个按钮

  D．AlertDialogParamWithButtons 对象类型弹窗有两个按钮

5．下列说法中，正确的是（　　　）。

  A．random 函数可以生成任意整数

  B．setTimeout 定时器可以重复执行

  C．setInterval 定时器只能执行一次

  D．可以使用 declare interface 语法定义结构体

二、填空题

1．Grid 组件有_____种布局模式。

2．DialogAlignment 枚举有_____个不同的取值。

3．random 函数生成的随机数的范围为_____。

4．接口定义的关键字为_____。

5．setTimeout 函数中延时时间的单位为_____。

项目 5 答案

项目 5 代码

项目 5 课件

手机计算器实现

本项目需要实现一个手机计算器应用，页面效果如图 6-1 所示。该页面使用容器组件 Row 与 Column 实现整体布局，使用网格容器 Grid 按行和列对计算器中的按钮进行布局，使用 Text 文本组件显示标题，使用 TextArea 组件显示计算时输入的数据和计算后的结果，使用自定义函数用于数据的计算，使用 Button 组件显示数字和加、减、乘、除功能按钮。另外，导入第三方文件实现计算器的运算功能逻辑。

图 6-1　手机计算器页面效果

 **教学导航**

教学目标	知识目标：
	掌握使用 ArkTS 实现 UI 布局的方法
	掌握容器组件 Column 和 Row 的布局方法
	掌握文本组件 Text 的使用方法

教学目标	掌握文本输入框组件 TextInput 的使用方法 掌握按钮组件 Button 的使用方法 掌握使用 import 指令导入第三方文件的方法 掌握自定义组件的方法 掌握函数声明的方式 掌握使用@Extend 定义扩展原生组件样式的方法 掌握使用 let 定义变量的方法 能力目标： 具备根据需求实现页面布局并完成业务逻辑的能力 具备编写样式文件的能力 具备熟练处理事件响应的能力 具备编写并使用第三方文件的能力 具备自定义函数实现设定功能的能力 素质目标： 培养阅读鸿蒙官网开发者文档的能力 培养科学逻辑思维 培养学生的学习兴趣与创新精神 培养规范编码的职业素养
教学重点	使用 ArkTS 实现 UI 布局 Grid 与 GridItem 组件的使用方法 自定义组件@Component 页面之间的数据传递
教学难点	Grid 与 GridItem 组件的使用方法 自定义组件的实现 定义第三方文件
课时建议	12 课时

任务 1   使用 Grid 组件实现计算器布局

任务目标

❖   掌握使用 ArkTS 实现 UI 布局的方法
❖   掌握 Grid 组件的用法

任务陈述

创建计算器显示页，先使用容器组件 Column 与 Row 实现页面总体布局，再使用网格组件 Grid 实现网格布局。

知识准备

本任务涉及的 Column、Row、Grid 组件相关知识已在前面章节中介绍，此处不再赘述。用 Grid 组件实现计算器页面布局的示例代码见代码清单 6-1。

代码清单 6-1

```
1.    // xxx.ets
2.    @Entry
3.    @Component
4.    struct GridExample {
5.      @State Number: String[] = ['0', '1', '2', '3', '4']
6.      scroller: Scroller = new Scroller()
7.      build() {
8.        Column({ space: 5 }) {
9.          Grid() {
10.           forEach(this.Number, (day: string) => {
11.             forEach(this.Number, (day: string) => {
12.               GridItem() {
13.                 Text(day).fontSize(16).backgroundColor(0xF9CF93)
14.                   .width('100%').height('100%').textAlign(TextAlign.Center)
15.               }
16.             }, day => day)
17.           }, day => day)
18.         }
19.         .columnsTemplate('1fr 1fr 1fr 1fr 1fr')
20.         .rowsTemplate('1fr 1fr 1fr 1fr 1fr')
21.         .columnsGap(10)
22.         .rowsGap(10)
23.         .width('90%')
24.         .backgroundColor(0xFAEEE0)
25.         .height(300)
26.         Text('scroll').fontColor(0xCCCCCC).fontSize(9).width('90%')
27.         Grid(this.scroller) {
28.           forEach(this.Number, (day: string) => {
29.             forEach(this.Number, (day: string) => {
30.               GridItem() {
31.                 Text(day).fontSize(16).backgroundColor(0xF9CF93)
32.                   .width('100%').height(80).textAlign(TextAlign.Center)
33.               }
34.             }, day => day)
35.           }, day => day)
36.         }
37.         .columnsTemplate('1fr 1fr 1fr 1fr 1fr')
38.         .columnsGap(10)
39.         .rowsGap(10)
40.         .onScrollIndex((first: number) => {
41.           console.info(first.toString())
```

```
42.        })
43.        .width('90%')
44.        .backgroundColor(0xFAEEE0)
45.        .height(300)
46.      Button('next page')
47.        .onClick(() => {                    //单击后滑到下一页
48.          this.scroller.scrollPage({ next: true })
49.        })
50.    }.width('100%').margin({ top: 5 })
51.  }
52. }
```

程序运行结果如图 6-2 所示。

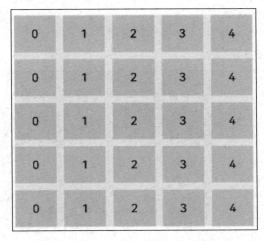

图 6-2　计算器页面布局运行结果

计算器网格容器单项内容 GridItem 示例代码见代码清单 6-2。

代码清单 6-2

```
1.  // xxx.ets
2.  @Entry
3.  @Component
4.  struct GridItemExample {
5.    @State numbers: string[] = Array.apply(null, { length: 16 }).map(function (item, i) {
6.      return i.toString()
7.    })
8.    build() {
9.      Column() {
10.       Grid() {
11.         GridItem() {
12.           Text('4').fontSize(16).backgroundColor(0xFAEEE0)
13.             .width('100%').height('100%').textAlign(TextAlign.Center)
14.         }.rowStart(1).rowEnd(4)
15.         forEach(this.numbers, (item) => {
16.           GridItem() {
```

```
17.                    Text(item).fontSize(16).backgroundColor(0xF9CF93)
18.                        .width('100%').height('100%').textAlign(TextAlign.Center)
19.                    }
20.              }, item => item)
21.              GridItem() {
22.                  Text('5').fontSize(16).backgroundColor(0xDBD0C0)
23.                      .width('100%').height('100%').textAlign(TextAlign.Center)
24.              }.columnStart(1).columnEnd(5)
25.          }
26.          .columnsTemplate('1fr 1fr 1fr 1fr 1fr')
27.          .rowsTemplate('1fr 1fr 1fr 1fr 1fr')
28.          .width('90%').height(300)
29.      }.width('100%').margin({ top: 5 })
30.      }
31.  }
```

程序运行结果如图 6-3 所示。

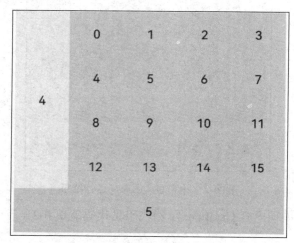

图 6-3　计算器网格容器单项内容 GridItem 运行结果

任务实施

1. 新建工程

打开 DevEco Studio，新建一个工程并选择 OpenHarmony 的 Empty Ability（注意，这里不能选择 HarmonyOS）。

单击 Next 按钮后，在弹出的界面中设置工程名为 MyApplication，工程类型为 Application，包名为 com.openvalley.calculator，编译版本为 9，模型为 Stage，兼容版本为 9，设置完成后，单击 Finish 按钮完成工程创建，如图 6-4 所示。

2. 替换项目的名称

在 resources/zh_CN/element 路径下找到 string.json 文件，如图 6-5 所示。

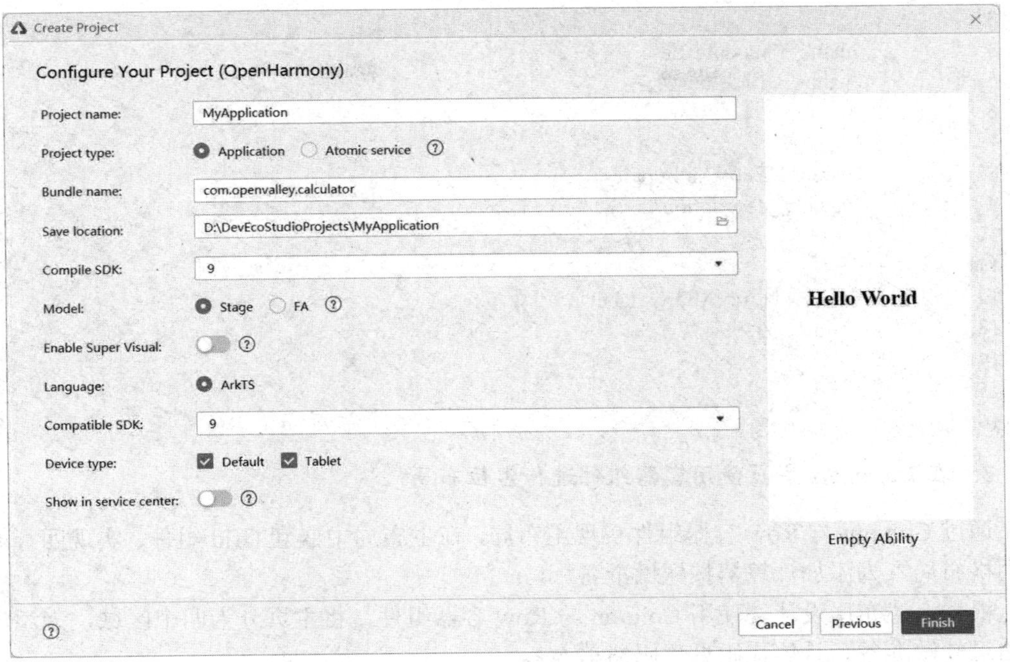

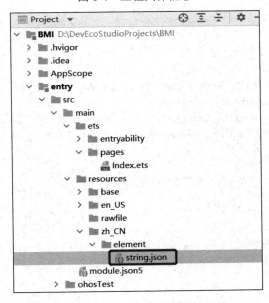

图 6-4　工程具体信息

图 6-5　string.json 文件

　　打开 string.json 文件，替换 EntryAbility_label 中的 value 内容，见代码清单 6-3。修改完成后，安装的应用就会显示修改后的名称。

代码清单 6-3

```
1.   {
2.       "string": [
```

```
 3.        {
 4.            "name": "module_desc",
 5.            "value": "模块描述"
 6.        },
 7.        {
 8.            "name": "EntryAbility_desc",
 9.            "value": "description"
10.        },
11.        {
12.            "name": "EntryAbility_label",
13.            "value": "手机计算器"
14.        }
15.     ]
16.  }
```

3. 在 Index.ets 主页使用容器组件进行占位布局

通过 Column 与 Row 容器组件实现主布局，在主布局中嵌套 Grid 组件，实现四行五列的网格布局，为添加计算器按钮做准备。

根据上述布局设计，使用 Column 与 Row 容器组件，将主页分为四个区域，为添加相应的组件做准备。具体代码见代码清单 6-4。

代码清单 6-4

```
 1.  build() {
 2.      Row() {
 3.          Column() {
 4.              Text(this.message).margin({bottom:30})
 5.                  .fontSize(30).fontWeight(FontWeight.Bold)
 6.              TextArea({text:this.expression})
 7.                  .focusable(false).backgroundColor(Color.White)
 8.                  .height(70).fontSize(36).textAlign(TextAlign.End)
 9.              Grid(){
10.                  GridItem(){
11.                      TextButton({text:'C',fontColor:this.colorBlue)
12.                      }})
13.                  }
14.                  //除法
15.                  GridItem(){
16.                      TextButton({text:'÷',fontColor:this.colorBlue)
17.                      }})
18.                  }
19.                  //乘法
20.                  GridItem(){
21.                      TextButton({text:'x',fontColor:this.colorBlue)
22.                      }})
23.                  }
24.                  //退格
25.                  GridItem(){
26.                      TextButton({text:'<',fontColor:this.colorBlue)
```

```
27.          }})
28.        }
29.        //加法
30.        GridItem() {
31.          TextButton({ text: '+', fontColor: this.colorBlue) })
32.        }
33.        //减法
34.        GridItem() {
35.          TextButton({ text: '-', fontColor: this.colorBlue)
36.        }
37.        //左括号
38.        GridItem() {
39.          TextButton({ text: '(', fontColor: this.colorBlue)
40.        }
41.        //右括号
42.        GridItem() {
43.          TextButton({ text: ')', fontColor: this.colorBlue)
44.        }
45.        //数字区
46.        forEach(this.numbers,(element:string, index:number) =>{
47.          GridItem(){
48.            TextButton({text:element,)
49.          })
50.        //等号
51.        GridItem() {
52.          TextButton({
53.            text: '=',
54.            fontColor: Color.White,
55.            btnBackgroundColor: this.colorBlue,
56.            onBtnClick: () => this.calculate()
57.          })
58.        }
59.        //0
60.        GridItem() {
61.          TextButton({ text: '0')
62.        }
63.        //小数点
64.        GridItem() {
65.          TextButton({ text: '.', onBtnClick: () => this.toExpression({ addition: '.' }) })
66.        }
67.      }.width('100%')
68.      .rowsTemplate('1fr 1fr 1fr 1fr 1fr')
69.      .columnsTemplate('1fr 1fr 1fr 1fr')
70.      .rowsGap(5)
71.      .columnsGap(5)
72.      .height(350)
73.      .padding({top: 5, bottom: 5})
74.      .backgroundColor('#ffeef2f6')
75.      .borderRadius({topLeft: 20, topRight: 20})
```

```
76.          }
77.          .width('100%')
78.          .backgroundColor(Color.White)
79.          .borderRadius({topLeft: 20, topRight: 20})
80.        }
81.        .height('75%')
82.      }
83.    }
```

任务 2　定义并引入第三方文件

任务目标

- ❖ 编写第三方文件 ExpressionUtil 实现计算的功能逻辑
- ❖ 声明外部类并引用

任务陈述

　　任务 1 已经通过容器组件实现了主页面的总体布局设计，本任务将编写第三方文件 ExpressionUtil 实现计算器中的加、减、乘、除计算。

任务实施

　　第三方文件 ExpressionUtil 的代码见代码清单 6-5。

代码清单 6-5

```
1.    /**
2.     * 表达式工具类
3.     * 调用该类中的 calculateExpression 方法实现表达式的计算
4.     */
5.    export class ExpressionUtil {
6.        /* 运算符优先级：如比较+和*的优先级，则判断 priority[0][2]，=-1 说明后者优先级大，
=1 说明前者优先级大
7.               +  -  *  /  (  )
8.          +  1  1 -1 -1 -1  1
9.          -  1  1 -1 -1 -1  1
10.         *  1  1  1  1 -1  1
11.         /  1  1  1  1 -1  1
12.         ( -1 -1 -1 -1  0  0
13.         ) -1 -1 -1 -1  0  0
14.        * */
15.        private static readonly priority: number[][] = [
16.            [1, 1, -1, -1, -1, 1],
17.            [1, 1, -1, -1, -1, 1],
```

```
18.              [1, 1, 1, 1, -1, 1],
19.              [1, 1, 1, 1, -1, 1],
20.              [-1, -1, -1, -1, 0, 0],
21.              [-1, -1, -1, -1, 0, 0]
22.          ]
23.      /**
24.       * 计算表达式
25.       * @param expStr
26.       */
27.      static calculateExpression(expStr: string): number {
28.          let exp = new ExpressionQueue(expStr);
29.          //定义操作数栈和操作符栈
30.          let onStack = new Stack<number>();
31.          let opStack = new Stack<string>();
32.          let element: string;
33.          while (exp.peek() != undefined) {
34.              element = exp.dequeue() as string;
35.              if (this.isDigital(element)) {          //将数字放进操作数栈
36.                  onStack.push(parseFloat(element));
37.              } else {//运算符先比较优先级，决定将元素放进操作符栈还是从操作数栈中取出
两个数来进行计算
38.                  if (opStack.peek() == undefined) {    //先判断操作符栈是否为空
39.                      opStack.push(element);            //若为空，则将元素直接入栈
40.                  } else {                             //若不为空
41.                      if (element == Operator.RightBracket && opStack.peek() == Operator.
LeftBracket) {//右括号遇到左括号进行抵消处理
42.                          opStack.pop();
43.                          continue;
44.                      }
45.                      if (this.isHighPriority(opStack.peek() as string, element)) {//若操作符栈顶
优先级高，则执行计算
46.                          let num2 = onStack.pop() as number;
47.                          let num1 = onStack.pop() as number;
48.                          onStack.push(this.calculateWithTwoNumber(num1,num2, opStack.pop()
as string));
49.                          if (element == Operator.RightBracket) {//若是运算符右括号
50.                              while (opStack.peek() != Operator.LeftBracket) {//执行左括号之前
所有的运算
51.                                  let num2 = onStack.pop() as number;
52.                                  let num1 = onStack.pop() as number;
53.                                  onStack.push(this.calculateWithTwoNumber(num1, num2,
opStack.pop() as string));
54.                              }
55.                              opStack.pop();          //弹出左括号
56.                          }else {
57.                              opStack.push(element);
58.                          }
59.                      } else {          //若操作符栈顶优先级低，则将当前元素放入操作符栈
60.                          opStack.push(element);
```

```
61.                        }
62.                    }
63.                }
64.            }
65.            //完成剩余计算
66.            while (opStack.peek() != undefined) {
67.                let num2 = onStack.pop() as number;
68.                let num1 = onStack.pop() as number;
69.                onStack.push(this.calculateWithTwoNumber(num1, num2, opStack.pop() as string));
70.            }
71.            return onStack.peek() as number;
72.        }
73.        /**
74.         * 将两个数根据操作符进行计算，返回计算结果
75.         * @param num1
76.         * @param num2
77.         * @param op
78.         * @private
79.         */
80.        private static calculateWithTwoNumber(num1: number, num2: number, op: string): number {
81.            switch (op) {
82.                case Operator.Plus:
83.                    return num1 + num2;
84.                case Operator.Minus:
85.                    return num1 - num2;
86.                case Operator.Multiple:
87.                    return num1 * num2;
88.                case Operator.Divide:
89.                    return num1 / num2;
90.                default:
91.                    return 0;
92.            }
93.        }
94.        /**
95.         * 比较 op1 和 op2 的运算符优先级，返回布尔值 op1 是否优先于 op2
96.         * @param op1
97.         * @param op2
98.         * @private
99.         */
100.       private static isHighPriority(op1: string, op2: string): boolean {
101.           return this.priority[this.getOperatorId(op1)][this.getOperatorId(op2)] == 1;
102.       }
103.       /**
104.        * 将运算符映射为索引
105.        * @param op
106.        * @private
107.        */
108.       private static getOperatorId(op: string): OperatorId {
109.           switch (op) {
```

```
110.            case Operator.Plus:
111.                return OperatorId.Plus;
112.            case Operator.Minus:
113.                return OperatorId.Minus;
114.            case Operator.Multiple:
115.                return OperatorId.Multiple;
116.            case Operator.Divide:
117.                return OperatorId.Divide;
118.            case Operator.LeftBracket:
119.                return OperatorId.LeftBracket;
120.            case Operator.RightBracket:
121.                return OperatorId.RightBracket;
122.            default:
123.                return OperatorId.Plus;
124.        }
125.    }
126.    /**
127.     * 匹配单个数字
128.     */
129.    static isDigital(c: string): boolean {
130.        return /[0-9]/.test(c);
131.    }
132.    /**
133.     * 匹配运算符
134.     */
135.    static isOperator(c: string): boolean {
136.        return /[+\-*/()]/.test(c);
137.    }
138. }
139. /**
140.  * 操作符枚举
141.  */
142. export enum Operator {
143.     Plus = '+',
144.     Minus = '-',
145.     Multiple = '*',
146.     Divide = '/',
147.     Dot = '.',
148.     LeftBracket = '(',
149.     RightBracket = ')'
150. }
151. /**
152.  * 操作符的索引映射，用于对照优先级矩阵
153.  */
154. export enum OperatorId {
155.     Plus = 0,
156.     Minus,
157.     Multiple,
158.     Divide,
```

```
159.        LeftBracket,
160.        RightBracket
161.    }
162.    /**
163.     * 表达式队列类
164.     * 负责将传入的表达式字符串进行预处理，并将操作数和操作符按次序存进队列中
165.     */
166.    class ExpressionQueue {
167.        private data: Map<number, string>;
168.        private head: number = 0;
169.        private count: number = 0;
170.        constructor(str: string) {
171.            this.data = new Map();
172.            //表达式预处理后，将每一个元素依次加入队列
173.            this.expPretreatment(str).forEach((element) => {
174.                this.enqueue(element);
175.            });
176.        }
177.        /**
178.         * 表达式预处理函数: 检查表达式中是否有负数和小数，并将分离的数字合并成参与运算
的操作数，再将每一个元素（数字或运算符）存入数组中
179.         * @param str 表达式的字符串
180.         */
181.        private expPretreatment(str: string): string[] {
182.            let result: string[] = [];
183.            let element: string;
184.            for (let i = 0; i < str.length; i++) {
185.                let char = str.charAt(i);
186.                element = char;
187.                //如果是操作符
188.                if (ExpressionUtil.isOperator(char)) {
189.                    //如果第一位是负号，或者负号前一位是左括号
190.                    if (char == Operator.Minus && (i == 0 || (i > 0 && str.charAt(i - 1) == Operator.
LeftBracket))) {
191.                        for (let j = i + 1; j < str.length; j++) {
192.                            //如果字符串最后一位已经遍历过，则直接将 element 存入 reuslt 数组，并
退出循环
193.                            if (j == str.length) {
194.                                result.push(element);
195.                                i = j - 1;
196.                                break;
197.                            }
198.                            let char = str.charAt(j);
199.                            //如果是数字或小数点，则拼接到 element 后面
200.                            if (ExpressionUtil.isDigital(char) || char == Operator.Dot) {
201.                                element += char;
202.                            } else {
203.                                result.push(element);
204.                                i = j - 1;
```

```
205.                            break;
206.                        }
207.                    }
208.                } else {
209.                    result.push(element)
210.                }
211.            }
212.            //如果不是操作符
213.            else {
214.                for (let j = i + 1; j <= str.length; j++) {
215.                //如果字符串最后一位已经遍历过，则直接将 element 存入 reuslt 数组，并退出
循环
216.                    if (j == str.length) {
217.                        result.push(element);
218.                        i = j - 1;
219.                        break;
220.                    }
221.                    let char = str.charAt(j);
222.                    //如果是数字或小数点，则拼接到 element 后面
223.                    if (ExpressionUtil.isDigital(char) || char == Operator.Dot) {
224.                        element += char;
225.                    } else {
226.                        result.push(element);
227.                        i = j - 1;
228.                        break;
229.                    }
230.                }
231.            }
232.        }
233.        return result;
234.    }
235.    /**
236.     * 入队列
237.     * @param element
238.     */
239.    private enqueue(element: string) {
240.        this.data.set(this.count++, element);
241.    }
242.    /**
243.     * 出队列
244.     */
245.    dequeue() {
246.        if (this.isEmpty()) return undefined;
247.        let result = this.data.get(this.head);
248.        this.data.delete(this.head++);
249.        return result;
250.    }
251.    /**
252.     * 获取队首元素
```

```
253.        */
254.        peek() {
255.            if (this.isEmpty()) return undefined;
256.            return this.data.get(this.head);
257.        }
258.        /**
259.         * 返回队列是否为空
260.         */
261.        isEmpty(): boolean {
262.            return this.data.size == 0;
263.        }
264.    }
265.    /**
266.     * 栈
267.     * 用来实现表达式的计算
268.     */
269.    class Stack<T> {
270.        private readonly data: T[];
271.        constructor() {
272.            this.data = new Array<T>();
273.        }
274.        push(element: T) {
275.            this.data.push(element);
276.        }
277.        pop() {
278.            if (this.data.length == 0) return;
279.            return this.data.pop();
280.        }
281.        peek() {
282.            if (this.data.length == 0) return undefined;
283.            return this.data[this.data.length - 1];
284.        }
285.    }
```

通过 import {ExpressionUtil} from '../common/utils/ExpressionUtil'导入外部类。

任务 3　定义自定义组件 TextButton 与 Index

任务目标

❖　使用@Extend 定义扩展原生组件样式

❖　使用自定义函数

❖　使用@Component 自定义组件

❖　使用 let 定义变量

任务陈述

对原生组件 Button 进行扩展定义，使其满足项目中计算器按钮的功能需求，通过 @Component 定义自定义组件 TextButton，在自定义函数中使用关键字 let 定义变量。

任务实施

1. 自定义组件 TextButton 与 Index

自定义组件 TextButton 的示例代码见代码清单 6-6。

代码清单 6-6

```
1.    @Component
2.    struct TextButton{
3.        text:string | Resource
4.        fontColor: Color | string | Resource
5.        btnBackgroundColor:Color | string | Resource
6.        onBtnClick:()=>void
7.        build(){
8.          Button(this.text,{type:ButtonType.Circle, stateEffect:true})
9.              .width(60)
10.             .height(60)
11.             .fontColor(this.fontColor?this.fontColor:Color.Black)
12.             .fontSize(40)
13.             .backgroundColor(this.btnBackgroundColor?this.btnBackgroundColor:Color.White)
14.             .padding((5))
15.             .onClick(this.onBtnClick)
16.        }
17.    }
```

自定义组件 Index 的示例代码见代码清单 6-7。

代码清单 6-7

```
1.    @Component
2.    struct Index {
3.        private numbers: string[] = ['7', '8', '9', '4', '5', '6', '1', '2', '3'];
4.        private colorBlue: string = '#0A59F7';
5.        @State message: string = '计算器'
6.        @State expression:string = '0'
7.        private toExpression(options: {
8.          backspace?: boolean,
9.          clear?: boolean,
10.         addition?: string
11.       }) {
```

```
12.        if (options.backspace) {
13.            this.expression = this.expression.length == 1 ? '0' : this.expression.substr(0, this. expression.
length - 1);
14.        } else if (options.clear) {
15.            this.expression = '0';
16.        } else if (options.addition) {
17.            this.expression == '0' && options.addition != '.' ? this.expression = options.addition :
this.expression += options.addition;
18.        }
19.    }
20.    private calculate(){
21.        let result = ExpressionUtil.calculateExpression(this.expression);
22.        let resultStr = result.toString();
23.        let dotIndex = resultStr.indexOf('.');          //小数点位置
24.        if (dotIndex == -1 || resultStr.length - 1 - dotIndex <= 2) { //若计算结果是整数或小数位数小
于或等于2，则直接显示
25.            this.expression = result.toString();
26.        }else{                                           //若小数位数大于2，则按四舍五入法保留两位小数
27.            this.expression = result.toFixed(2);
28.        }
29.        this.toExpression({clear:true})
30.        this.toExpression({addition:resultStr})
31.    }
```

2. 使用 Extend 修饰 GridItem 组件

在结果显示页中接收从主页发送来的计算数据，自定义函数根据计算数据的取值区间判断健康情况，使用 if...else 语句对取值区间进行判断，并将结果通过文本组件 Text 显示出来，具体代码见代码清单 6-8。

代码清单 6-8

```
1.    @Extend(GridItem) function gridItemAttr(rs:number,re:number, cs:number, ce:number){
2.        .rowStart(rs)
3.        .rowEnd(re)
4.        .columnStart(cs)
5.        .columnEnd(ce)
6.    }
```

项 目 小 结

本项目实现了手机版的计算器应用，模拟实现手机计算器功能，通过 TextArea 组件实现计算数据与计算结果的显示，通过 Button 组件实现计算器中的各种按钮，包括 0~9 的数字按钮，加、减、乘、除操作按钮，退格按钮，以及左、右括号按钮，通过 Grid 及 GridItem 组件实现合理的布局操作。

习　题

一、选择题

1. Grid 网格容器的（　　）属性用于设置当前网格布局列的数量，不设置时默认为一列。

　　A．columnsTemplate　　　　　　　B．rowsTemplate

　　C．columnsGap　　　　　　　　　　D．rowsGap

2. Grid 网格容器的（　　）属性用于设置当前网格布局行的数量，不设置时默认为一行。

　　A．columnsTemplate　　　　　　　B．rowsTemplate

　　C．columnsGap　　　　　　　　　　D．rowsGap

3. Grid 网格容器的（　　）属性用于设置列与列的间距。

　　A．columnsTemplate　　　　　　　B．rowsTemplate

　　C．columnsGap　　　　　　　　　　D．rowsGap

4. Grid 网格容器的（　　）属性用于设置行与行的间距。

　　A．columnsTemplate　　　　　　　B．rowsTemplate

　　C．columnsGap　　　　　　　　　　D．rowsGap

二、填空题

1. Grid 网格容器由_____和_____分割的单元格组成，通过指定"项目"所在的单元格进行各种布局。

2. Grid 网格容器的 onScrollIndex(event: (first: number) => void)的作用是：_____。

3. 项目导入外部类的格式是：_____。

项目 6 答案　　　　　项目 6 代码　　　　　项目 6 课件

项 7 目

仿微信页面

本项目需要实现一个仿微信页面的应用。该应用主要由"消息""通讯录""发现""我"四个页面组成，点击底部导航栏，可切换不同的页面。此外，左右滑动页面也可切换到不同的页面。通过本项目的学习，读者可以比较全面地掌握华为全新自研的方舟开发框架（ArkUI），从而快速进行跨设备应用 UI 设计。该应用的页面效果如图 7-1 和图 7-2 所示。

图 7-1   "消息"与"通讯录"页面效果

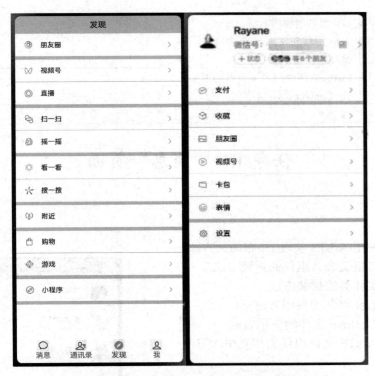

图 7-2　"发现"与"我"页面效果

📖 **教学导航**

教学目标	知识目标： 掌握使用 ArkTS 实现 UI 布局的方法 掌握 List 组件的使用方法 掌握 ListItem 组件的使用方法 掌握 Blank 组件的使用方法 掌握 Divider 组件的使用方法 掌握 Tabs 组件的使用方法 掌握 TabContent 的使用方法 能力目标： 具备根据需求实现页面布局并完成业务逻辑的能力 具备编写样式文件的能力 具备封装数据的能力 具备使用 List 列表展示页面数据的能力 具备使用 Tabs 组件完成页面切换的能力 素质目标： 培养阅读鸿蒙官网开发者文档的能力 培养科学逻辑思维 培养学生的学习兴趣与创新精神 培养规范编码的职业素养

教学重点	List 组件的使用方法 Tabs 组件的使用方法 循环数据的渲染
教学难点	ListItem 组件列表项数据的渲染 TabContent 页面的切换
课时建议	12 课时

任务 1　"消息"页面

任务目标

❖　掌握使用 ArkTS 实现 UI 布局的方法
❖　掌握自定义公共组件的封装方法
❖　掌握实体类的封装方法
❖　掌握 List 组件的使用方法
❖　掌握 ListItem 组件的使用方法
❖　掌握 ArkTS 文件组件的相互引入方法

任务陈述

1. 任务描述

预览"消息"页面时,显示"消息"页面标题和消息列表。本任务需要完成如下功能。

(1) 页面顶部居中显示页面标题。

(2) 消息列表显示好友的消息记录。

2. 运行结果

"消息"页面运行结果如图 7-3 所示。

知识准备

1. List 组件

图 7-3　"消息"页面运行结果

List 是用来显示列表的组件,包含一系列相同宽度的列表项,适合连续、多行呈现同类数据,如图片和文本。

1) 子组件

List 组件包含 ListItem、ListItemGroup 子组件。

2) 接口

接口为 List(value?:{space?: number | string, initialIndex?: number, scroller?: Scroller}),参

数见表 7-1。

表 7-1　List 组件的接口参数

参 数 名 称	参 数 类 型	是 否 必 填	参 数 描 述
space	number| string	否	列表项间距。 默认值：0
initialIndex	number	否	设置当前 List 组件初次加载时视口起始位置显示的 item 的索引值。如果设置的值超过了当前 List 组件最后一个 item 的索引值，则设置不生效。 默认值：0
scroller	Scroller	否	可滚动组件的控制器。用于和可滚动组件进行绑定

3）属性

List 组件除了支持通用属性，还支持表 7-2 中的属性。

表 7-2　List 组件的属性

属 性 名 称	参 数 类 型	参 数 描 述
listDirection	Axis	设置 List 组件的排列方向。 默认值：Axis.Vertical
divider	{strokeWidth: Length,color?: ResourceColor,startMargin?: Length,endMargin?:Length}| null	设置 ListItem 分隔线样式，默认无分隔线。 —strokeWidth：分隔线的线宽。 —color：分隔线的颜色。 —startMargin：分隔线与列表侧边起始端的距离。 —endMargin：分隔线与列表侧边结束端的距离
scrollBar	BarState	设置滚动条状态。 默认值：BarState.Off
cachedCount	number	设置列表中 ListItem/ListItemGroup 的预加载数量，其中 ListItemGroup 将作为一个整体进行计算，ListItemGroup 中的所有 ListItem 会一次性全部加载出来。具体使用可参考减少应用白块说明。 默认值：1
editMode(deprecated)	boolean	声明当前 List 组件是否处于可编辑模式（从 API version 9 开始废弃）。 默认值：false
edgeEffect	EdgeEffect	设置 List 组件的滑动效果。 默认值：EdgeEffect.Spring
chainAnimation	boolean	设置当前 List 组件是否启用链式联动动效，开启后，列表滑动以及顶部和底部拖曳时会有链式联动效果（List 组件内的 list-item 间隔一定距离，在基本的滑动交互行为下，主动对象驱动从动对象进行联动，驱动效果遵循弹簧物理动效）。 默认值：false。 —false：不启用链式联动。 —true：启用链式联动

属 性 名 称	参 数 类 型	参 数 描 述
multiSelectable8+	boolean	是否开启鼠标框选。 默认值：false。 —false：关闭框选。 —true：开启框选
lanes9+	number | LengthConstrain	以列模式为例（listDirection 为 Axis.Vertical）： lanes 用于决定 List 组件在交叉轴方向按几列布局。 默认值：1 规则如下： —lanes 为指定的数量时，根据指定的数量与 List 组件的交叉轴宽度来决定每列的宽度。 —lane 设置了 {minLength,maxLength} 时，根据 List 组件的宽度自适应决定 lanes 数量（列数），保证在缩放过程中，lane 的宽度符合 {minLength, maxLength} 的限制。其中，minLength 条件会被优先满足，即优先保证 ListItem 的宽度符合最小宽度限制。例如，在列模式下设置了 {minLength: 40vp,maxLength: 60vp}，则当 List 组件宽度为 70vp 时，ListItem 为一列，并且根据 alignListItem 属性做居左、居中或居右布局；当 List 组件宽度变化至 80vp 时，符合两倍的 minLength，ListItem 自适应为两列
alignListItem9+	ListItemAlign	List 组件交叉轴方向的宽度大于 ListItem 交叉轴宽度×lanes 时，ListItem 在 List 组件交叉轴方向的布局方式默认为首部对齐。 默认值：ListItemAlign.Start
sticky9+	StickyStyle	配合 ListItemGroup 组件使用，设置 ListItemGroup 中 header 和 footer 是否要吸顶或吸底。 默认值：StickyStyle.None。 说明：sticky 属性可以设置为 StickyStyle.Header | StickyStyle.Footer，以同时支持 header 吸顶和 footer 吸底

ListItemAlign 枚举见表 7-3。

表 7-3 ListItemAlign 枚举

名 称	功 能 描 述
Start	ListItem 在 List 中，交叉轴方向首部对齐
Center	ListItem 在 List 中，交叉轴方向居中对齐
End	ListItem 在 List 中，交叉轴方向尾部对齐

StickyStyle 枚举见表 7-4。

表 7-4　StickyStyle 枚举

名　称	功　能　描　述
None	ListItemGroup 的 header 不吸顶，footer 不吸底
Header	ListItemGroup 的 header 吸顶
Footer	ListItemGroup 的 footer 吸底

4）事件

List 组件的事件见表 7-5。

表 7-5　List 组件的事件

事 件 名 称	功　能　描　述
onItemDelete(deprecated)(event:(index:number) => boolean)	当 List 组件在编辑模式时，单击 ListItem 右边出现的删除按钮时触发（从 API version 9 开始废弃）。 —index：被删除的列表项的索引值
onScroll(event:(scrollOffset: number, scrollState: ScrollState) => void)	列表滑动时触发。 —scrollOffset：滑动偏移量。 —scrollState：当前滑动状态
onScrollIndex(event: (start: number, end: number) => void)	列表滑动时触发。 计算索引值时，ListItemGroup 作为一个整体占一个索引值，不计算 ListItemGroup 内部 ListItem 的索引值。 —start：滑动起始位置索引值。 —end：滑动结束位置索引值
onReachStart(event:() => void)	列表到达起始位置时触发
onReachEnd(event: () => void)	列表到达结束位置时触发
onScrollBegin9+(event:(dx:number,dy:number) =>{ dxRemain:number,dyRemain: number })	列表开始滑动时触发，事件参数传入即将发生的滑动量，事件处理函数中，可根据应用场景计算实际需要的滑动量并作为事件处理函数的返回值返回，列表将按照返回值的实际滑动量进行滑动。 —dx：即将发生的水平方向滑动量。 —dy：即将发生的竖直方向滑动量。 —dxRemain：水平方向实际滑动量。 —dyRemain：竖直方向实际滑动量
onScrollStop(event: () => void)	列表滑动停止时触发。手指拖动列表或列表的滚动条触发的滑动，手指离开屏幕并且滑动停止时会触发该事件；使用 Scroller 滑动控制器触发的滑动，不会触发该事件
onItemMove(event:(from:number,to:number) => boolean)	列表元素发生移动时触发。 —from：移动前索引值 —to：移动后索引值
onItemDragStart(event:(event:ItemDragInfo, itemIndex:number)=> ((() => any)	void)	开始拖曳列表元素时触发。 该接口能力在 HarmonyOS 3.1 Beta1 中暂不支持。 —event：见 ItemDragInfo 对象说明。 —itemIndex：被拖曳列表元素索引值

事 件 名 称	功 能 描 述
onItemDragEnter(event:(event:ItemDragInfo) => void)	拖曳进入列表元素范围内时触发。 该接口能力在 HarmonyOS 3.1 Beta1 中暂不支持。 —event：见 ItemDragInfo 对象说明
onItemDragMove(event:(event:ItemDragInfo, itemIndex: number, insertIndex: number) => void)	拖曳在列表元素范围内移动时触发。 该接口能力在 HarmonyOS 3.1 Beta1 中暂不支持。 —event：见 ItemDragInfo 对象说明。 —itemIndex：拖曳起始位置。 —insertIndex：拖曳插入位置
onItemDragLeave(event:(event:ItemDragInfo, itemIndex: number)=> void)	拖曳离开列表元素时触发。 该接口能力在 HarmonyOS 3.1 Beta1 中暂不支持。 —event：见 ItemDragInfo 对象说明。 —itemIndex：拖曳离开的列表元素索引值
onItemDrop(event:(event:ItemDragInfo,itemIndex: number,insertIndex:number, isSuccess:boolean) => void)	绑定该事件的列表元素可作为拖曳释放目标，当在列表元素内停止拖曳时触发。 该接口能力在 HarmonyOS 3.1 Beta1 中暂不支持。 —event：见 ItemDragInfo 对象说明。 —itemIndex：拖曳起始位置。 —insertIndex：拖曳插入位置。 —isSuccess：是否成功释放

ScrollState 枚举见表 7-6。

表 7-6　ScrollState 枚举

名　　称	功 能 描 述
Idle	未滑动状态
Scroll	手指拖动状态
Fling	惯性滑动状态

List 组件示例代码见代码清单 7-1。

代码清单 7-1

```
1.    // xxx.ets
2.    @Entry
3.    @Component
4.    struct ListItemExample {
5.      private arr: number[] = [0, 1, 2, 3, 4, 5, 6, 7, 8, 9]
6.      build() {
7.        Column() {
8.          List({ space: 20, initialIndex: 0 }) {
9.            forEach(this.arr, (item) => {
10.             ListItem() {
11.               Text(" + item)
12.                 .width('100%').height(100).fontSize(16)
13.                 .textAlign(TextAlign.Center).borderRadius(10).backgroundColor(0xFFFFFF)
14.             }
```

```
15.           }, item => item)
16.         }.width('90%')
17.       }.width('100%').height('100%').backgroundColor(0xDCDCDC).padding({ top: 5 })
18.   }
19. }
```

程序运行结果如图 7-4 所示。

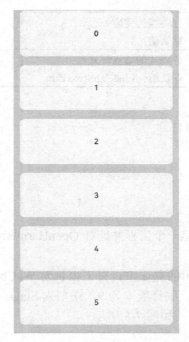

图 7-4　List 组件运行结果

2．ListItem 组件

ListItem 是用来展示列表具体项目的组件，必须配合 List 组件使用。

1）子组件

ListItem 组件可以包含单个子组件。

2）接口

接口为 ListItem(value?: string)，从 API version 9 开始，该接口支持在 ArkTS 卡片中使用。

3．Divider 组件

Divider 是分隔器组件，用于分隔不同内容块或内容元素。

1）子组件

Divider 组件无子组件。

2）接口

接口为 Divider()。

3）属性

Divider 组件除了支持通用属性，还支持表 7-7 中的属性。

表 7-7 Divider 组件的属性

属 性 名 称	参 数 类 型	参 数 描 述
vertical	boolean	决定使用水平分隔线还是垂直分隔线。false 表示使用水平分隔线；true 表示使用垂直分隔线。 默认值：false
color	ResourceColor	分隔线的颜色
strokeWidth	number|string	分隔线的宽度。 默认值：1
lineCap	LineCapStyle	分隔线的端点样式。 默认值：LineCapStyle.Butt

4）事件

Divider 组件不支持通用事件。

任务实施

1. 新建工程

打开 DevEco Studio，新建一个工程并选择 OpenHarmony 的 Empty Ability（注意，这里不能选择 HarmonyOS）。

单击 Next 按钮后，在弹出的界面中设置工程名为 WeChat，工程类型为 Application，包名为 com.openvalley.wechat，编译版本为 9，模型为 Stage，兼容版本为 9，设置完成后，单击 Finish 按钮完成工程创建，如图 7-5 所示。

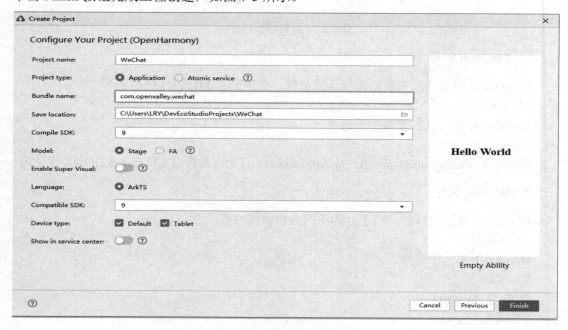

图 7-5 工程具体信息

2．替换项目显示的图标

要替换安装和启动图标，在 resources/base/media 路径下，找到 icon.png 文件，如图 7-6 所示。保持 icon.png 文件名不变，替换图片即可。可以在 https://www.iconfont.cn/search/index 中下载自己喜欢的图片，图片的尺寸为 114×114。

3．替换项目显示的名称

在 resources/zh_CN/element 路径下找到 string.json 文件，如图 7-7 所示。

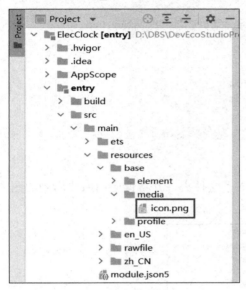

图 7-6　图标路径

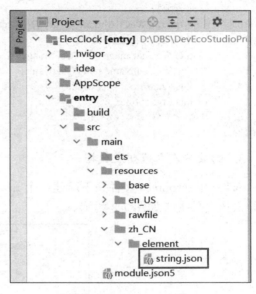

图 7-7　string.json 文件

打开 string.json 文件，替换其中 EntryAbility_label 的 value 内容，见代码清单 7-2。修改完成后，安装的应用就会显示修改后的名称。

代码清单 7-2

```
1.    {
2.      "string": [
3.        {
4.          "name": "EntryAbility_label",
5.          "value": "微信"
6.        }
7.      ]
8.    }
```

4．封装"消息"页面实体类数据

"消息"页面实体类数据由好友头像、好友昵称、消息内容、消息发送时间等组成。

在 ets 文件夹下新建 model 子文件夹，并在 model 子文件夹下新建一个 Person.ts 文件，用于封装实体类数据，具体代码见代码清单 7-3。

代码清单 7-3

```
1.    let personId = 0;
2.    export class Person {
3.      id: string;                  //ID
4.      WeChatImage: string;         //好友头像
5.      WeChatName: string;          //好友昵称
6.      ChatInfo: string;            //消息内容
7.      time: string;                //消息发送时间
8.
9.      //构造函数
10.     constructor(WeChatImage: string, WeChatName: string, ChatInfo: string, time: string) {
11.       this.id = `${personId++}`
12.       this.WeChatImage = WeChatImage;
13.       this.WeChatName = WeChatName;
14.       this.ChatInfo = ChatInfo;
15.       this.time = time;
16.     }
17.   }
```

5. 封装好友本地列表数据

（1）在 resources 文件夹下新建一个 rawfile 子文件夹，并将该应用所要用到的图片资源导入该文件夹，如图 7-8 所示。

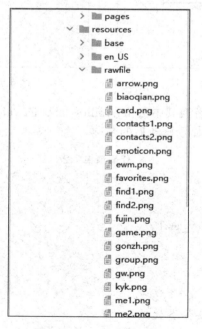

图 7-8　rawfile 图片资源

（2）在 model 文件夹下新建一个 WeChatData.ts 文件（该文件用来提供好友列表的一些静态数据），并在该文件下通过 import 导入 Person.ts 文件，具体代码见代码清单 7-4。

代码清单 7-4

```
1.    import {Person} from './Person' //导入 Person.ts 文件
2.    const ContactInfo: any[] = [
3.        {
4.            "WeChatImage": "person (1).jpg",
5.            "WeChatName": "绿逾初夏",
6.            "ChatInfo": "一次开发，多端部署" 提供的自适应布局和响应式布局能力",
7.            "time": "10:30"
8.        },
9.        {
10.           "WeChatImage": "person (2).jpg",
11.           "WeChatName": "余笙南吟",
12.           "ChatInfo": "自适应布局能力可以实现界面显示随外部容器大小连续变化",
13.           "time": "10:29"
14.       },
15.       {
16.           "WeChatImage": "person (3).jpg",
17.           "WeChatName": "墨香九歌",
18.           "ChatInfo": "栅格子组件，必须作为栅格容器组件（GridRow）的子组件使用",
19.           "time": "10:28"
20.       },
21.       {
22.           "WeChatImage": "person (4).jpg",
23.           "WeChatName": "暖栀",
24.           "ChatInfo": "HarmonyOS 为开发者提供了"一次开发，多端部署"的系统能力",
25.           "time": "10:27"
26.       },
27.       {
28.           "WeChatImage": "person (5).jpg",
29.           "WeChatName": "微笑每一天",
30.           "ChatInfo": "Swiper：滑块视图容器，提供子组件滑动轮播显示的能力",
31.           "time": "10:26"
32.       },
33.       {
34.           "WeChatImage": "person (6).jpg",
35.           "WeChatName": "凉笙墨染",
36.           "ChatInfo": "Grid：网格容器，由"行"和"列"分割的单元格组成，通过指定"项
37.   目"所在的单元格做出各种各样的布局",
38.           "time": "10:25"
39.       },
40.       {
41.           "WeChatImage": "person (7).jpg",
42.           "WeChatName": "橘子风车",
43.           "ChatInfo": "Navigation：Navigation 组件一般作为 Page 页面的根容器，通过属性设
44.   置来展示页面的标题、工具栏、菜单",
45.           "time": "10:24"
46.       },
47.       {
48.           "WeChatImage": "person (8).jpg",
```

```
49.        "WeChatName": "悠悠我心",
50.        "ChatInfo": "List: 列表包含一系列相同宽度的列表项。适合连续、多行呈现同类数
51.  据，例如图片和文本",
52.        "time": "10:23"
53.      },
54.      {
55.        "WeChatImage": "person (9).jpg",
56.        "WeChatName": "白鹿",
57.        "ChatInfo": "组合手势：手势识别组，多种手势组合为复合手势，支持连续识别、并
58.  行识别和互斥识别",
59.        "time": "10:22"
60.      },
61.      {
62.        "WeChatImage": "person (10).jpg",
63.        "WeChatName": "海蓝无魂",
64.        "ChatInfo": "警告弹窗：显示警告弹窗组件，可设置文本内容与响应回调",
65.        "time": "10:21"
66.      },
67.      {
68.        "WeChatImage": "person (11).jpg",
69.        "WeChatName": "SmileHeart",
70.        "ChatInfo": "自定义弹窗：  通过 CustomDialogController 类显示自定义弹窗",
71.        "time": "10:20"
72.      },
73.      {
74.        "WeChatImage": "person (12).jpg",
75.        "WeChatName": "拾柒",
76.        "ChatInfo": "日期滑动选择器弹窗：根据指定范围的 Date 创建可以选择日期的滑动
77.  选择器，展示在弹窗上",
78.        "time": "10:19"
79.      },
80.      {
81.        "WeChatImage": "person (13).jpg",
82.        "WeChatName": "越奋力越幸运",
83.        "ChatInfo": "能不能给我一首歌的时间，紧紧地把那拥抱变成永远",
84.        "time": "10:18"
85.      },
86.      {
87.        "WeChatImage": "person (14).jpg",
88.        "WeChatName": "岁月安然",
89.        "ChatInfo": "文本滑动选择器弹窗：根据指定的选择范围创建文本选择器，展示在弹
90.  窗上",
91.        "time": "10:17"
92.      },
93.      {
94.        "WeChatImage": "person (15).jpg",
95.        "WeChatName": "阳光暖心脏",
96.        "ChatInfo": "文本滑动选择器弹窗：根据指定的选择范围创建文本选择器，展示在弹
97.  窗上",
```

```
98.          "time": "10:16"
99.        },
100.       {
101.          "WeChatImage": "person (16).jpg",
102.          "WeChatName": "远方和诗",
103.          "ChatInfo": "文本滑动选择器弹窗：根据指定的选择范围创建文本选择器，展示在弹
104.   窗上",
105.          "time": "10:15"
106.       },
107.       {
108.          "WeChatImage": "person (17).jpg",
109.          "WeChatName": "浅蓝色",
110.          "ChatInfo": "Column：沿垂直方向布局的容器",
111.          "time": "10:14"
112.       },
113.       {
114.          "WeChatImage": "person (18).jpg",
115.          "WeChatName": "朗月清风",
116.          "ChatInfo": "Column：沿垂直方向布局的容器",
117.          "time": "10:13"
118.       },
119.       {
120.          "WeChatImage": "person (19).jpg",
121.          "WeChatName": "淡然微笑",
122.          "ChatInfo": "Column：沿垂直方向布局的容器",
123.          "time": "10:12"
124.       },
125.       {
126.          "WeChatImage": "person (20).jpg",
127.          "WeChatName": "浅唱欢乐",
128.          "ChatInfo": "Column：沿垂直方向布局的容器",
129.          "time": "10:11"
130.       },
131.       {
132.          "WeChatImage": "person (21).jpg",
133.          "WeChatName": "微笑向暖",
134.          "ChatInfo": "Column：沿垂直方向布局的容器",
135.          "time": "10:10"
136.       },
137.       {
138.          "WeChatImage": "person (22).jpg",
139.          "WeChatName": "冷若淡安",
140.          "ChatInfo": "Text：显示一段文本的组件",
141.          "time": "10:09"
142.       },
143.       {
144.          "WeChatImage": "person (23).jpg",
145.          "WeChatName": "柚柚",
146.          "ChatInfo": "Text：显示一段文本的组件",
```

No

```
147.          "time": "10:08"
148.        },
149.        {
150.          "WeChatImage": "person (24).jpg",
151.          "WeChatName": "墨染倾城色",
152.          "ChatInfo": "Text：显示一段文本的组件",
153.          "time": "10:07"
154.        },
155.        {
156.          "WeChatImage": "person (25).jpg",
157.          "WeChatName": "且听风铃",
158.          "ChatInfo": "Text：显示一段文本的组件",
159.          "time": "10:06"
160.        },
161.        {
162.          "WeChatImage": "person (26).jpg",
163.          "WeChatName": "冬致夏陌",
164.          "ChatInfo": "Text：显示一段文本的组件",
165.          "time": "10:05"
166.        },
167.        {
168.          "WeChatImage": "person (27).jpg",
169.          "WeChatName": "一见如初",
170.          "ChatInfo": "Text：显示一段文本的组件",
171.          "time": "10:04"
172.        },
173.        {
174.          "WeChatImage": "person (28).jpg",
175.          "WeChatName": "迟暮",
176.          "ChatInfo": "Text：显示一段文本的组件",
177.          "time": "10:03"
178.        },
179.        {
180.          "WeChatImage": "person (29).jpg",
181.          "WeChatName": "风信子",
182.          "ChatInfo": "Text：显示一段文本的组件",
183.          "time": "10:02"
184.        },
185.        {
186.          "WeChatImage": "person (30).jpg",
187.          "WeChatName": "岁月可回首",
188.          "ChatInfo": "Text：显示一段文本的组件",
189.          "time": "10:01"
190.        }
191.  ]
192.  export function getContactInfo(): Array<Person> {
193.      let contactList: Array<Person> = []
194.      ContactInfo.forEach(item => {
195.        contactList.push(new Person(item.WeChatImage, item.WeChatName, item.ChatInfo,
```

```
196.      item.time))
197.      })
198.      return contactList;
199.    }
200.    export const WeChatColor:string = "#cccccc"
```

6. 实现"消息"页面标题组件的封装

"消息"页面由标题组件和消息列表组件组成。每个页面都由一个相似结构的标题组成，为了减少代码冗余，可以把标题单独封装成一个组件。

在 model 文件夹下新建一个 CommonStyle.ets 文件，在该文件下封装各个页面所要用到的标题组件，具体代码见代码清单 7-5。

代码清单 7-5

```
1.    import {WeChatColor} from './WeChatData';        //导入 WeChatData 文件中的颜色
2.    //封装"消息"页面的标题组件
3.    @Component
4.    export struct WeChatTitle {
5.      private text: string
6.      build() {
7.        Flex({ alignItems: ItemAlign.Center, justifyContent: FlexAlign.Center }) {
8.          Text(this.text).fontSize('18fp').padding('20px')
9.        }.height('120px').backgroundColor(WeChatColor)
10.     }
11.   }
```

7. 完成消息列表组件的编写

消息列表由好友头像、好友昵称、消息内容、消息发送时间和分隔线组成。在 CommonStyle.ets 文件中编写消息列表（在代码清单 7-5 中的第 11 行后继续编写），具体代码见代码清单 7-6。

代码清单 7-6

```
1.    //消息列表组件
2.    @Component
3.    export struct ChatItemStyle {
4.      WeChatImage: string;                    //好友头像
5.      WeChatName: string;                     //好友昵称
6.      ChatInfo: string;                       //消息内容
7.      time: string;                           //消息发送时间
8.      build() {
9.        Column() {
10.         Flex({ alignItems: ItemAlign.Center, justifyContent: FlexAlign.Start }) {
11.           Image($rawfile(this.WeChatImage)).width('120px').height('120px').margin({ left: '50px',
right: "50px" })
12.
13.           Column() {
14.             Text(this.WeChatName).fontSize('16fp')
      Text(this.ChatInfo).fontSize('12fp').width('620px').fontColor("#c2bec2").maxLines(1)
```

```
15.        }.alignItems(HorizontalAlign.Start).flexGrow(1)
16.        Text(this.time).fontSize('12fp')
17.          .margin({ right: "50px" }).fontColor("#c2bec2")
18.      }
19.      .height('180px')
20.      .width('100%')
21.      Row() {
22.        Text().width('190px').height('3px')
23.        Divider()
24.          .vertical(false)
25.          .color(WeChatColor)
26.          .strokeWidth('3px')
27.      }
28.      .height('3px')
29.      .width('100%')
30.    }
```

8. 完成消息列表页面代码的编写

在 CommonStyle.ets 文件中已经分别封装了标题组件 WeChatTitle 和消息列表组件 ChatItemStyle，在 pages 文件夹中新建 ChatPage.ets 文件，在该文件中通过 import 分别导入 WeChatData.ts、Person.ts、CommonStyle.ts 文件，使用 forEach 循环遍历渲染数据，具体代码见代码清单 7-7。

代码清单 7-7

```
1.    import {getContactInfo} from '../model/WeChatData'           //导入 WeChatData.ts 文件
2.    import {Person} from '../model/Person'                       //导入 Person.ts 文件
3.    import {ChatItemStyle, WeChatTitle} from '../model/CommonStyle'   //导入 CommonStyle.ts 文件
中的 ChatItemStyle、WeChatTitle 组件
4.    @Entry
5.    @Component
6.    export struct ChatPage {
7.      private contactList: Person[] = getContactInfo() //调用 WeChatData.ts 文件中的 getContactInfo()方
法获取好友数据
8.      build() {
9.        Column() {
10.         WeChatTitle({ text: "微信(ArkTS)" })       //引用 WeChatTitle 标题组件，并传入标题文本
11.         List() {                                    //List 组件展示数据
12.           forEach(this.contactList, item => {       //forEach 循环遍历
13.             ListItem() {                            //列表项 item
14.               ChatItemStyle({                       //引用消息列表组件
15.                 WeChatImage: item.WeChatImage,
16.                 WeChatName: item.WeChatName,
17.                 ChatInfo: item.ChatInfo,
18.                 time: item.time
19.               })
20.             }
21.           }, item => item.id.toString())
22.         }
```

```
23.              .height('100%')
24.              .width('100%')
25.          }
26.      }
27.  }
```

任务 2   "通讯录"页面

任务目标

❖ 掌握使用 ArkTS 实现 UI 布局的方法
❖ 掌握自定义公共组件的封装方法
❖ 掌握 Scroll 组件的使用方法
❖ 掌握 ArkTS 文件组件的相互引入方法

任务陈述

1. 任务描述

预览"通讯录"页面时，显示"通讯录"页面标题和好友列表。本任务需要完成如下功能。
（1）页面顶部居中显示页面标题。
（2）通讯录显示好友头像、好友昵称。

2. 运行结果

"通讯录"页面运行结果如图 7-9 所示。

图 7-9   "通讯录"页面运行结果

知识准备

1. Scroll 组件

Scroll 是可滚动的容器组件，当子组件的布局尺寸超过父组件的尺寸时，内容就可以滚动。

1）子组件
Scroll 组件支持单个子组件。

2）接口
接口为 Scroll(scroller?: Scroller)。

3）属性
Scroll 组件除了支持通用属性，还支持表 7-8 中的属性。

表 7-8 Scroll 组件的属性

属 性 名 称	参 数 类 型	参 数 描 述
scrollable	ScrollDirection	设置滚动方向 默认值：ScrollDirection.Vertical
scrollBar	BarState	设置滚动条状态。 默认值：BarState.Auto
scrollBarColor	string|number|Color	设置滚动条的颜色
scrollBarWidth	string|number	设置滚动条的宽度
edgeEffect	EdgeEffect	设置滑动效果，目前支持的滑动效果参见 EdgeEffect 枚举。 默认值：EdgeEffect.None

ScrollDirection 枚举见表 7-9。

表 7-9 ScrollDirection 枚举

名 称	功 能 描 述
Horizontal	仅支持水平方向滚动
Vertical	仅支持竖直方向滚动
None	不支持滚动
Free(deprecated)	支持竖直或水平方向滚动（从 API version 9 开始废弃）

4）事件

Scroll 组件的事件见表 7-10。

表 7-10 Scroll 组件的事件

事 件 名 称	功 能 描 述
onScrollBegin9+(event:(dx:number,dy:number) =>{dxRemain:number,dyRemain:number })	滚动开始事件回调。 参数： —dx：即将发生的水平方向滚动量。 —dy：即将发生的竖直方向滚动量。 返回值： —dxRemain：水平方向滚动的剩余量。 —dyRemain：竖直方向滚动的剩余量
onScroll(event:(xOffset:number,yOffset:number) => void)	滚动事件回调，返回滚动时水平、竖直方向的偏移量
onScrollEdge(event:(side: Edge) => void)	滚动到边缘事件回调
onScrollEnd(event: () => void)	滚动到停止事件回调

2. Scroller 接口

Scroller 是可滚动容器组件的控制器，可以将此组件绑定到容器组件，然后通过它控制容器组件的滚动，同一个控制器不可以控制多个容器组件，目前支持绑定到 List、Scroll、ScrollBar 组件上。

1）导入对象

导入对象为 scroller: Scroller = new Scroller()。

2）scrollTo 方法

scrollTo 方法的代码如下。

```
scrollTo(value: { xOffset: number | string, yOffset: number | string, animation?: { duration: number, curve: Curve } }): void
```

scrollTo 方法的参数见表 7-11。

表 7-11　scrollTo 方法的参数

参 数 名 称	参 数 类 型	是 否 必 填	参 数 描 述
xOffset	Length	是	水平滑动偏移
yOffset	Length	是	竖直滑动偏移
animation	{duration:number,curve:Curve}	否	动画配置： —duration：滚动时长设置。 —curve：滚动曲线设置

3）scrollEdge 方法

scrollEdge 方法的代码如下。

```
scrollEdge(value: Edge): void
```

使用 scrollEdge 方法可以滚动到容器边缘，其参数见表 7-12。

表 7-12　scrollEdge 方法的参数

参 数 名 称	参 数 类 型	是 否 必 填	参 数 描 述
value	Edge	是	滚动到的边缘位置

4）scrollPage 方法

scrollPage 方法的代码如下。

```
scrollPage(value: { next: boolean, direction?: Axis }): void
```

使用 scrollPage 方法可以滚动到下一页或者上一页，其参数见表 7-13。

表 7-13　scrollPage 方法的参数

参 数 名 称	参 数 类 型	是 否 必 填	参 数 描 述
next	boolean	是	是否向下翻页。true 表示向下翻页，false 表示向上翻页
direction(deprecated)	Axis	否	设置滚动方向为水平方向或竖直方向（从 API version 9 开始废弃）

5）currentOffset 方法

使用 currentOffset 方法可以返回当前的滚动偏移量。

6）Scroller 返回值

Scroller 返回值见表 7-14。

表 7-14 Scroller 返回值

类　型	描　述
{xOffset:number,yOffset: number}	xOffset：水平滑动偏移。 yOffset：竖直滑动偏移

7）scrollToIndex 方法

scrollToIndex 方法的代码如下。

```
scrollToIndex(value: number): void
```

使用 scrollToIndex 方法可以滚动到指定索引，其参数见表 7-15。

表 7-15 scrollToIndex 方法的参数

参 数 名 称	参 数 类 型	是 否 必 填	参 数 描 述
value	number	是	要滚动到的列表项在列表中的索引值

8）scrollBy 方法

scrollBy 方法的代码如下。

```
scrollBy(dx: Length, dy: Length): void
```

使用 scrollBy 方法可以滚动指定距离，其参数见表 7-16。

表 7-16 scrollBy 方法的参数

参 数 名 称	参 数 类 型	是 否 必 填	参 数 描 述
dx	Length	是	水平方向滚动距离，不支持百分比形式
dy	Length	是	竖直方向滚动距离，不支持百分比形式

Scroll 组件示例代码见代码清单 7-8。

代码清单 7-8

```
1.    @Entry
2.    @Component
3.    struct NestedScroll {
4.      @State listPosition: number = 0; //0 代表滚动到 List 顶部，1 代表滚动到中间，2 代表滚动到
List 底部
5.      private arr: number[] = [1, 2, 3, 4, 5, 6, 7, 8, 9, 10]
6.      private scrollerForScroll: Scroller = new Scroller()
7.      private scrollerForList: Scroller = new Scroller()
8.      build() {
9.        Flex() {
10.          Scroll(this.scrollerForScroll) {
11.            Column() {
12.              Text("Scroll Area")
```

```
13.                    .width("100%").height("40%").backgroundColor(0X330000FF)
14.                    .fontSize(16).textAlign(TextAlign.Center)
15.                    .onClick(() => {
16.                        this.scrollerForList.scrollToIndex(5)
17.                    })
18.                List({ space: 20, scroller: this.scrollerForList }) {
19.                    forEach(this.arr, (item) => {
20.                        ListItem() {
21.                            Text("ListItem" + item)
22.                                .width("100%").height("100%").borderRadius(15)
23.                                .fontSize(16).textAlign(TextAlign.Center).backgroundColor(Color.White)
24.                        }.width("100%").height(100)
25.                    }, item => item)
26.                }
27.                .width("100%")
28.                .height("50%")
29.                .edgeEffect(EdgeEffect.None)
30.                .onReachStart(() => {
31.                    this.listPosition = 0
32.                })
33.                .onReachEnd(() => {
34.                    this.listPosition = 2
35.                })
36.                .onScrollBegin((dx: number, dy: number) => {
37.                    if ((this.listPosition == 0 && dy >= 0) || (this.listPosition == 2 && dy <= 0)) {
38.                        this.scrollerForScroll.scrollBy(0, -dy)
39.                        return { dxRemain: dx, dyRemain: 0 }
40.                    }
41.                    this.listPosition = 1
42.                    return { dxRemain: dx, dyRemain: dy };
43.                })
44.                Text("Scroll Area")
45.                    .width("100%").height("40%").backgroundColor(0X330000FF)
46.                    .fontSize(16).textAlign(TextAlign.Center)
47.            }
48.        }
49.        .width("100%").height("100%")
50.        }.width('100%').height('100%').backgroundColor(0xDCDCDC).padding(20)
51.    }
52.  }
```

程序运行结果如图 7-10 所示。

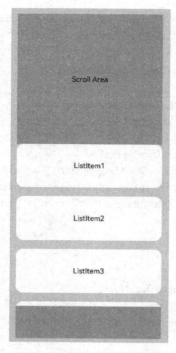

图 7-10　Scroll 组件运行结果

任务实施

1. 完成好友列表组件的封装

　　"通讯录"页面由标题和好友列表组成，好友列表由好友头像、好友昵称和分隔线组成。在 CommonStyle.ets 文件中编写好友列表，封装 ContactItemStyle 组件，具体代码见代码清单 7-9。

代码清单 7-9

```
1.     @Component
2.     export struct ContactItemStyle {
3.       private imageSrc: string
4.       private text: string
5.       build() {
6.         Column() {
7.           Flex({ alignItems: ItemAlign.Center, justifyContent: FlexAlign.Center }) {
8.             Image($rawfile(this.imageSrc)).width('100px').height('100px').margin({ left: '50px' })
9.             Text(this.text).fontSize('15vp').margin({ left: '40px' }).flexGrow(1)
10.          }
11.          .height('150px').width('100%')
12.          Row() {
13.            Text().width('190px').height('3px')
14.            Divider()
15.              .vertical(false)
```

```
16.              .color(WeChatColor)
17.              .strokeWidth('3px')
18.            }
19.          .height('3px')
20.          .width('100%')
21.        }
22.      }
23.    }
```

2. 完成"通讯录"页面代码的编写

在 pages 文件夹下新建 ContactPage.ets 文件，并在该文件中导入 CommonStyle、Person
和 WeChatData 文件，引用相关组件，具体代码见代码清单 7-10。

代码清单 7-10

```
1.   import {ContactItemStyle, WeChatTitle} from '../model/CommonStyle'
2.   import {Person} from '../model/Person'
3.   import {getContactInfo, WeChatColor} from '../model/WeChatData'
4.   @Entry
5.   @Component
6.   export struct ContactPage {
7.     private contactList: Person[] = getContactInfo()          //调用获取联系人数据
8.     build() {
9.       Column() {
10.         WeChatTitle({ text: "通讯录" })                      //引用标题组件
11.         Scroll() {                                          //Scroll 组件
12.           Column() {
13.             ContactItemStyle({ imageSrc: "new_friend.png", text: "新的朋友" })//调用好友列表组
件，并传入相关参数
14.             ContactItemStyle({ imageSrc: "group.png", text: "群聊" })
15.             ContactItemStyle({ imageSrc: "biaoqian.png", text: "标签" })
16.             ContactItemStyle({ imageSrc: "gonzh.png", text: "公众号" })
17.             Text("我的企业及企业联系人").fontSize('12fp')
18.               .backgroundColor(WeChatColor).height('80px').width('100%')
19.             ContactItemStyle({ imageSrc: "qiye.png", text: "企业微信联系人" })
20.             Text("我的微信好友").fontSize('12fp')
21.               .backgroundColor(WeChatColor).height('80px').width('100%')
22.             List() {                                        //List 组件展示好友头像和好友昵称
23.               forEach(this.contactList, item => {
24.                 ListItem() {
25.                   ContactItemStyle({imageSrc:item.WeChatImage,text: item.WeChatName })
26.                 }
27.               }, item => item.id.toString())
28.             }
29.           }
30.         }
31.       }.alignItems(HorizontalAlign.Start)
32.       .width('100%').height('100%')
33.     }
34.   }
```

任务 3   "发现"页面

任务目标

❖ 掌握使用 ArkTS 实现 UI 布局的方法
❖ 掌握自定义公共组件的封装方法
❖ 掌握 ArkTS 文件组件的相互引入方法

任务陈述

1. 任务描述

预览"发现"页面时，显示"发现"页面标题和列表。本任务需要完成如下功能。

（1）页面顶部居中显示页面标题。

（2）"发现"页面显示各列表条目。

2. 运行结果

"发现"页面运行结果如图 7-11 所示。

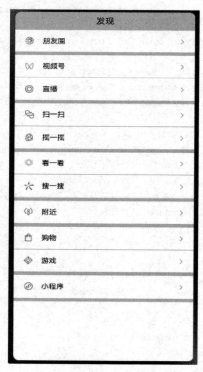

图 7-11   "发现"页面运行结果

任务实施

1. 完成发现列表组件的封装

"发现"页面由标题和发现列表组成，发现列表由图标、名称和分隔线组成。在 CommonStyle.ets 文件中编写发现列表，封装 WeChatItemStyle 组件，具体代码见代码清单 7-11。

代码清单 7-11

```
1.   @Component
2.   export struct WeChatItemStyle {
3.      private imageSrc: string
4.      private text: string
5.      private arrow: string = "arrow.png"
6.
7.      build() {
8.         Column() {
9.            Flex({ alignItems: ItemAlign.Center, justifyContent: FlexAlign.Center }) {
10.               Image($rawfile(this.imageSrc)).width('75px').height('75px').margin({ left: '50px' })
11.               Text(this.text).fontSize('15vp').margin({ left: '40px' }).flexGrow(1)
12.               Image($rawfile(this.arrow))
13.                  .margin({ right: '40px' })
14.                  .width('75px')
15.                  .height('75px')
16.            }
17.            .height('150px').width('100%')
18.         }
19.      }
20.   }
```

2. 完成"发现"页面代码的编写

在 pages 文件夹下新建 DiscoverryPage.ets 文件，并在该文件中导入 CommonStyle 文件，引用相关组件，具体代码见代码清单 7-12。

代码清单 7-12

```
1.   import {WeChatItemStyle, MyDivider, WeChatTitle} from '../model/CommonStyle'
2.   @Entry
3.   @Component
4.   export struct DiscoveryPage {
5.      build() {
6.         Column() {
7.            WeChatTitle({ text: "发现" })     //引用标题组件
8.            WeChatItemStyle({ imageSrc: "moments.png", text: "朋友圈" }) //引用发现组件并传入相关
参数
9.            MyDivider()                    //分隔线
10.           WeChatItemStyle({ imageSrc: "shipinghao.png", text: "视频号" })
```

```
11.          MyDivider({ style: '1' })
12.          WeChatItemStyle({ imageSrc: "zb.png", text: "直播" })
13.          MyDivider()
14.          WeChatItemStyle({ imageSrc: "sys.png", text: "扫一扫" })
15.          MyDivider({ style: '1' })
16.          WeChatItemStyie({ imageSrc: "yyy.png", text: "摇一摇" })
17.          MyDivider()
18.          WeChatItemStyle({ imageSrc: "kyk.png", text: "看一看" })
19.          MyDivider({ style: '1' })
20.          WeChatItemStyle({ imageSrc: "souyisou.png", text: "搜一搜" })
21.          MyDivider()
22.          WeChatItemStyle({ imageSrc: "fujin.png", text: "附近" })
23.          MyDivider()
24.          WeChatItemStyle({ imageSrc: "gw.png", text: "购物" })
25.          MyDivider({ style: '1' })
26.          WeChatItemStyle({ imageSrc: "game.png", text: "游戏" })
27.          MyDivider()
28.          WeChatItemStyle({ imageSrc: "xcx.png", text: "小程序" })
29.          MyDivider()
30.        }.alignItems(HorizontalAlign.Start)
31.        .width('100%')
32.        .height('100%')
33.      }
34.    }
```

任务 4 "我"页面

任务目标

❖ 掌握使用 ArkTS 实现 UI 布局的方法
❖ 掌握自定义公共组件的封装方法
❖ 掌握 ArkTS 文件组件的相互引入方法

任务陈述

1. 任务描述

预览"我"页面时，显示头像、昵称、支付、收藏等相关条目。本任务需要完成如下功能。

（1）显示个人头像及昵称。

（2）显示"我"页面各功能列表条目。

2. 运行结果

"我"页面运行结果如图 7-12 所示。

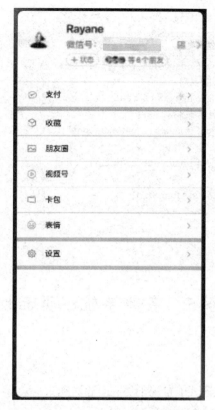

图 7-12   "我"页面运行结果

任务实施

在 pages 文件夹下新建 MyPage.ets 文件，并在该文件中导入 CommonStyle 文件，引用相关组件，具体代码见代码清单 7-13。

代码清单 7-13

```
1.    import {WeChatItemStyle, MyDivider} from '../model/CommonStyle'
2.
3.    @Entry
4.    @Component
5.    export struct MyPage {
6.        private imageTitle: string = "title.png"
7.
8.        build() {
9.          Column() {
10.            Image($rawfile(this.imageTitle)).height(144).width('100%')
11.            WeChatItemStyle({ imageSrc: "pay.png", text: "支付" })
12.            MyDivider()
13.            WeChatItemStyle({ imageSrc: "favorites.png", text: "收藏" })
```

```
14.          MyDivider({ style: '1' })
15.          WeChatItemStyle({ imageSrc: "moments2.png", text: "朋友圈" })
16.          MyDivider({ style: '1' })
17.          WeChatItemStyle({ imageSrc: "video.png", text: "视频号" })
18.          MyDivider({ style: '1' })
19.          WeChatItemStyle({ imageSrc: "card.png", text: "卡包" })
20.          MyDivider({ style: '1' })
21.          WeChatItemStyle({ imageSrc: "emoticon.png", text: "表情" })
22.          MyDivider()
23.          WeChatItemStyle({ imageSrc: "setting.png", text: "设置" })
24.          MyDivider()
25.        }.alignItems(HorizontalAlign.Start)
26.        .width('100%')
27.        .height('100%')
28.      }
29.    }
```

任务 5　底部导航栏页面切换

任务目标

❖　掌握使用 ArkTS 实现 UI 布局的方法
❖　掌握自定义公共组件的封装方法
❖　掌握 Tabs 组件的使用方法
❖　掌握 TabContent 组件的使用方法
❖　掌握 ArkTS 文件组件的相互引入方法

任务陈述

1. 任务描述

点击底部导航栏，完成各页面的切换。本任务需要完成如下功能。
（1）选中导航栏的某个条目时，图标及文字变成高亮状态，未被选中时呈灰色。
（2）选中导航栏的某个条目时，能切换到对应的页面。

2. 运行结果

底部导航栏运行结果如图 7-13 所示。

图 7-13　底部导航栏运行结果

知识准备

1．Tabs 组件

Tabs 是通过页签进行内容视图切换的容器组件，每个页签对应一个内容视图。

1）子组件

Tabs 组件仅可包含 TabContent 子组件。

2）接口

接口为 Tabs(value?: {barPosition?: BarPosition, index?: number, controller?: TabsController})，参数见表 7-17。

表 7-17　Tabs 组件的接口参数

参 数 名 称	参 数 类 型	是 否 必 填	参 数 描 述
barPosition	BarPosition	否	设置 Tabs 的页签位置。 默认值：BarPosition.Start
index	number	否	设置初始页签索引。 默认值：0
controller	TabsController	否	设置 Tabs 控制器

BarPosition 枚举见表 7-18。

表 7-18　BarPosition 枚举

名　　称	功 能 描 述
Start	vertical 属性方法设置为 true 时，页签位于容器左侧；vertical 属性方法设置为 false 时，页签位于容器顶部
End	vertical 属性方法设置为 true 时，页签位于容器右侧；vertical 属性方法设置为 false 时，页签位于容器底部

3）属性

Tabs 组件除了支持通用属性，还支持表 7-19 中的属性。

表 7-19　Tabs 组件的属性

属 性 名 称	参 数 类 型	参 数 描 述
vertical	boolean	设置为 false 时为横向 Tabs，设置为 true 时为纵向 Tabs。 默认值：false
scrollable	boolean	设置为 true 时可以通过滑动页面进行页面切换；设置为 false 时不可以通过滑动页面进行页面切换。 默认值：true
barMode	BarMode	TabBar 布局模式，具体描述见 BarMode 枚举。 默认值：BarMode.Fixed
barWidth	number | Length8+	TabBar 的宽度
barHeight	number | Length8+	TabBar 的高度

属 性 名 称	参 数 类 型	参 数 描 述
animationDuration	number	TabContent 滑动动画时长。不设置时，点击切换页签无动画，滑动切换有动画；设置时，点击切换和滑动切换都有动画。默认值：200

BarMode 枚举见表 7-20。

表 7-20　BarMode 枚举

名　称	功 能 描 述
Scrollable	每一个 TabBar 均使用实际布局宽度，超过总长度（横向 Tabs 的 barWidth，纵向 Tabs 的 barHeight）时可滑动
Fixed	所有 TabBar 平均分配 barWidth 宽度（纵向时平均分配 barHeight 高度）

4）事件

Tabs 组件除了支持通用事件，还支持表 7-21 中的事件。

表 7-21　Tabs 组件的事件

事 件 名 称	功 能 描 述
onChange(event: (index: number) => void)	页签切换后触发的事件

2. TabsController

TabsController 是 Tabs 组件的控制器，用于控制 Tabs 组件进行页签切换。不支持一个 TabsController 控制多个 Tabs 组件。

1）导入对象

导入对象为 controller: TabsController = new TabsController()。

2）changeIndex 方法

changeIndex 方法的代码如下。

```
changeIndex(value: number): void
```

使用 changeIndex 方法可以控制 Tabs 切换到指定页签，其参数见表 7-22。

表 7-22　changeIndex 方法的参数

参 数 名 称	参 数 类 型	是 否 必 填	参 数 描 述
value	number	是	页签在 Tabs 里的索引值，索引值从 0 开始

3. TabContent 组件

TabContent 组件仅在 Tabs 中使用，对应一个切换页签的内容视图。

1）子组件

TabContent 组件支持单个子组件。

2）接口

接口为 TabContent()。

3）属性

TabContent 组件除了支持通用属性，还支持表 7-23 中的属性。

表 7-23 TabContent 组件的属性

属 性 名 称	参 数 类 型	参 数 描 述
tabBar	string|Resource|{icon?: string|Resource, text?:string|Resource}|CustomBuilder8+	设置 TabBar 上的显示内容。 CustomBuilder：构造器，内部可以传入组件（API 8 版本以上适用）。 说明：如果 icon 采用 svg 格式图源，则要求 svg 图源删除其自身宽和高属性值。如采用带有自身宽和高属性的 svg 图源，icon 大小就是 svg 图源自身的大小

TabContent 组件示例代码见代码清单 7-14。

代码清单 7-14

```
1.    // xxx.ets
2.    @Entry
3.    @Component
4.    struct TabContentExample {
5.      @State fontColor: string = '#182431'
6.      @State selectedFontColor: string = '#007DFF'
7.      @State currentIndex: number = 0
8.      private controller: TabsController = new TabsController()
9.      @Builder TabBuilder(index: number) {
10.       Column() {
11.         Image(this.currentIndex===index?'/common/public_icon_on.svg':
12.   '/common/public_icon_off.svg')
13.           .width(24).height(24).margin({ bottom: 4 })
14.           .objectFit(ImageFit.Contain)
15.         Text(`Tab${index + 1}`)
16.           .fontColor(this.currentIndex === index ? this.selectedFontColor : this.fontColor)
17.           .fontSize(10).fontWeight(500).lineHeight(14)
18.       }.width('100%')
19.     }
20.     build() {
21.       Column() {
22.         Tabs({ barPosition: BarPosition.End, controller: this.controller }) {
23.           TabContent() {
24.             Column() {
25.               Text('Tab1').fontSize(36).fontColor('#182431')
26.                 .fontWeight(500).opacity(0.4).margin({ top: 30, bottom: 56.5 })
27.               Divider()
28.                 .strokeWidth(0.5)
29.                 .color('#182431')
30.                 .opacity(0.05)
```

```
31.            }.width('100%')
32.          }.tabBar(this.TabBuilder(0))
33.          TabContent() {
34.            Column() {
35.              Text('Tab2').fontSize(36).fontColor('#182431')
36.                .fontWeight(500).opacity(0.4).margin({ top: 30, bottom: 56.5 })
37.              Divider()
38.                .strokeWidth(0.5)
39.                .color('#182431')
40.                .opacity(0.05)
41.            }.width('100%')
42.          }.tabBar(this.TabBuilder(1))
43.          TabContent() {
44.            Column() {
45.              Text('Tab3').fontSize(36).fontColor('#182431')
46.                .fontWeight(500).opacity(0.4).margin({ top: 30, bottom: 56.5 })
47.              Divider()
48.                .strokeWidth(0.5)
49.                .color('#182431')
50.                .opacity(0.05)
51.            }.width('100%')
52.          }.tabBar(this.TabBuilder(2))
53.          TabContent() {
54.            Column() {
55.              Text('Tab4').fontSize(36).fontColor('#182431')
56.                .fontWeight(500).opacity(0.4).margin({ top: 30, bottom: 56.5 })
57.              Divider()
58.                .strokeWidth(0.5)
59.                .color('#182431')
60.                .opacity(0.05)
61.            }.width('100%')
62.          }.tabBar(this.TabBuilder(3))
63.        }
64.        .vertical(false)
65.        .barHeight(56)
66.        .onChange((index: number) => {
67.          this.currentIndex = index
68.        })
69.        .width(360)
70.        .height(190)
71.        .backgroundColor('#F1F3F5')
72.        .margin({ top: 38 })
73.      }.width('100%')
74.    }
75.  }
```

程序运行结果如图 7-14 所示。

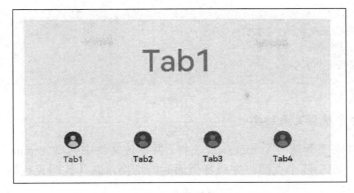

图 7-14　TabContent 组件运行结果

任务实施

1. 封装实体类数据

封装底部导航栏容器组件，并给每个导航栏绑定点击切换事件。

在 CommonStyle.ets 文件中编写底部导航栏组件，封装 HomeBottomItem 组件，具体代码见代码清单 7-15。

代码清单 7-15

```
1.    @Component
2.    export struct HomeBottomItem {
3.      private    currentPage: number        //定义当前视图页面
4.      private imageSrc: string              //导航栏图标
5.      private text: string                  //导航栏文本
6.      private textColor: string             //导航栏文本颜色
7.
8.      build() {
9.        Flex({alignItems:ItemAlign.Center,justifyContent:FlexAlign.Center,direction:
10.     FlexDirection.Column }) {
11.         Image($rawfile(this.imageSrc)).width("90px").height("90px")
12.         Text(this.text).fontSize('12vp').fontColor(this.textColor)
13.       }
14.       .onClick(() => {                    //绑定点击切换事件
15.         if (this.text == "微信") {
16.           this.currentPage = 0
17.         } else if (this.text == "通讯录") {
18.           this.currentPage = 1
19.         } else if (this.text == "发现") {
20.           this.currentPage = 2
21.         } else if (this.text == "我") {
22.           this.currentPage = 3
23.         } else {
24.           this.currentPage = 0
25.         }
```

```
26.        })
27.          .backgroundColor("#f7f7f7")
28.          .width('180px')
29.          .height('160px')
30.      }
31.    }
```

2. 完成底部导航栏页面切换

在 pages 文件夹下新建一个 index.ets 文件，并在该文件中通过 import 导入"消息""通讯录""发现""我"四个页面，完成各页面间的切换，具体代码见代码清单 7-16。

代码清单 7-16

```
1.    import {ChatPage} from './ChatPage';                    //导入"消息"页面
2.    import {ContactPage} from './ContactPage'              //导入"通讯录"页面
3.    import {DiscoveryPage} from './DiscoveryPage'          //导入"发现"页面
4.    import { MyPage } from './MyPage'                      //导入"我"页面
5.    @Entry
6.    @Component
7.    struct Index {
8.      private controller: TabsController = new TabsController();   //创建 TabsController
9.      @State index: number = 0;                            //选项卡下标，默认为第一个
10.     @Builder tabMessage() {                              //自定义"消息"标签
11.       Column() {
12.         Column() {
13.           Blank()                                        //自动填充容器空余部分
14.           Image(this.index == 0 ? $rawfile('wechat2.png') : $rawfile('wechat1.png'))
15.             .size({width: 25, height: 25})
16.           Text('消息').fontSize(16).fontColor(this.index == 0 ? "#2a58d0" : "#6b6b6b")
17.           Blank()
18.         }
19.         .height('100%').width("100%")
20.         .onClick(() => {
21.           this.index = 0;
22.           this.controller.changeIndex(this.index);
23.         })
24.       }
25.     }
26.     @Builder tabContract() {                             //自定义"通讯录"标签
27.       Column() {
28.         Blank()
29.         Image(this.index == 1 ?  $rawfile('contacts2.png')   :$rawfile('contacts1.png') )
30.           .size({width: 25, height: 25})
31.         Text('通讯录').fontSize(16).fontColor(this.index == 1 ? "#2a58d0" : "#6b6b6b")
32.         Blank()
33.       }
34.       .height('100%')
35.       .width("100%")
36.       .onClick(() => {
```

```
37.          this.index = 1;
38.          this.controller.changeIndex(this.index);
39.        })
40.      }
41.      @Builder tabDynamic() {                              //自定义"发现"标签
42.        Column() {
43.          Blank()
44.          Image(this.index == 2 ? $rawfile('find2.png')    : $rawfile('find1.png'))
45.            .size({width: 25, height: 25})
46.          Text('发现').fontSize(16).fontColor(this.index == 2 ? "#2a58d0" : "#6b6b6b")
47.          Blank()
48.        }
49.        .height('100%')
50.        .width("100%")
51.        .onClick(() => {
52.          this.index = 2;
53.          this.controller.changeIndex(this.index);
54.        })
55.      }
56.      @Builder Mine() {                                    //自定义"我"标签
57.        Column() {
58.          Blank()
59.          Image(this.index == 3 ? $rawfile('me2.png')    : $rawfile('me1.png'))
60.            .size({width: 25, height: 25})
61.          Text('我').fontSize(16).fontColor(this.index == 3 ? "#2a58d0" : "#6b6b6b")
62.          Blank()
63.        }
64.        .height('100%')
65.        .width("100%")
66.        .onClick(() => {
67.          this.index = 3;
68.          this.controller.changeIndex(this.index);
69.        })
70.      }
71.      build() {
72.        Column() {
73.          Tabs({
74.            barPosition: BarPosition.End,                  //TabBar 排列在下方
75.            controller: this.controller                    //绑定控制器
76.          }) {
77.            TabContent() {
78.              Column() {
79.                ChatPage()
80.              }.width('100%').height('100%')
81.            }.tabBar(this.tabMessage)                       //使用自定义 tabBar
82.
83.            TabContent() {
84.              Column() {
85.                ContactPage()
```

```
86.              }.width('100%').height('100%')
87.            }.tabBar(this.tabContract)                    //使用自定义 tabBar
88.
89.            TabContent() {
90.              Column() {
91.                DiscoveryPage()
92.              }.width('100%').height('100%')
93.            }.tabBar(this.tabDynamic)                      //使用自定义 tabBar
94.            TabContent() {
95.              Column() {
96.                MyPage()
97.              }.width('100%').height('100%')
98.            }.tabBar(this.Mine())                          //使用自定义 tabBar
99.          }
100.         .width('100%').height('100%').barHeight(60)
101.         .barMode(BarMode.Fixed)                          //tabBar 均分
102.         .onChange((index: number) => {                   //页面切换回调
103.           this.index = index;
104.         })
105.        }
106.      }
107.  }
```

项 目 小 结

本项目是对仿微信的综合应用，主要讲述了使用 ArkTS 进行页面布局的方法，以及 Blank、Divider、Tabs、TabContent、List、ListItem、Scroll 组件的用法。

编写仿微信应用程序时，需要注意以下几点。

（1）使用实验箱时，需要先进行实验箱验签。具体步骤是：选择 File→Project Struture →Project→Signing Configs→Automatically generate signature。

（2）在导入硬件依赖时，由于 DevEco Studio 的限制，可能会出现语法报错，此时需要忽略此错误，在 import 的上方会出现"// @ts-ignore"的注释，可以正常通过编译并使用该 API。

（3）在文件预览时，只能选择扩展名为.ets 的文件。

（4）为减少代码冗余，在各个页面使用相同的组件时，可自定义封装组件，通过 import 导入该文件，并引用自定义组件。

习 题

一、选择题

1. 下列选项中，（   ）不是 List 组件的接口参数。

　　A．Space　　　　　　　　　　B．initialIndex

　　C．listDirection　　　　　　　D．scroller

2．下列选项中，（　　　）不是 ListItemAlign 的枚举值。

　　A．Start　　　　　　　　　　B．center

　　C．end　　　　　　　　　　　D．left

3．（多选题）List 组件的子组件有（　　　）。

　　A．ListItem　　　　　　　　　B．ListItemGroup

　　C．listDireciton　　　　　　　D．ListItemAlign

4．Tabs 组件支持的事件是（　　　）。

　　A．Onchange()　　　　　　　　B．OnTouch()

　　C．OnPressed()　　　　　　　　D．OnClick()

5．（多选题）下列选项中，不属于 Tabs 组件属性 BarMode 的有（　　　）。

　　A．Scrollable　　　　　　　　B．Fixed

　　C．barPosition　　　　　　　　D．barWidth

二、填空题

1．TasController 的导入对象方式为_____。

2．ScrollState 枚举值有_____。

3．ListItem 的事件名为_____。

4．用来设置 Divider 分隔线宽度的属性是_____。

5．Swiper 支持的事件是_____。

项目 7 答案

项目 7 代码

项目 7 课件

项 8 目

在线考试系统

　　本项目需要实现一个简单的在线考试系统应用。该应用主要包括计时功能、导航跳转、页面转场、答题、解析、收藏、交卷、评分等功能。系统从题库中随机抽取题目组成试卷，用户在应用顶部点击"开始"按钮后开始计时，答题后系统会判断答题是否正确，然后给出成绩提示，并有试题详解，同时系统会记录当前正确和错误答题数量，以及当前已答题量及总题量。答完题后，用户单击"交卷"按钮，系统会给出最后评分。点击页面中的星号可以收藏题目。页面效果如图 8-1 所示。

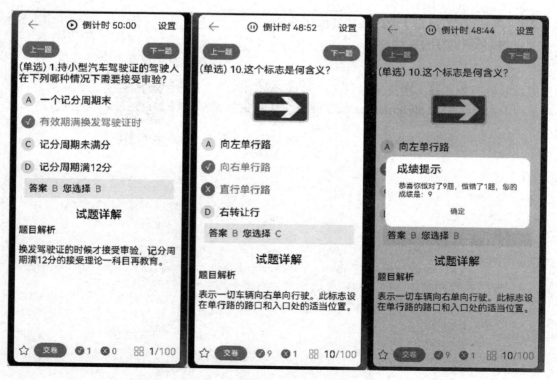

图 8-1　在线考试系统页面效果

教学导航

教学目标	知识目标： 掌握使用 ArkTS 实现 UI 布局的方法 掌握导航跳转组件的使用方法 掌握计时器组件的使用方法 掌握转场动画组件的使用 掌握评分组件的使用方法 掌握滑动容器 Swiper 的使用方法 掌握可滚动容器组件 Scroll 的使用方法 掌握侧边栏容器组件的使用方法 能力目标： 具备根据需求实现页面布局并完成业务逻辑的能力 具备编写样式文件的能力 具备熟练处理事件响应的能力 素质目标： 培养阅读鸿蒙官网开发者文档的能力 培养科学逻辑思维 培养学生的学习兴趣与创新精神 培养规范编码的职业素养
教学重点	使用 ArkTS 实现 UI 布局 复选框组件的用法 页面跳转、转场动画的用法 计时器组件的用法 评分组件的用法 容器组件 Scroll、ScrollBarContainer 的用法
教学难点	计时器组件的用法 容器组件的用法 页面跳转、转场动画的用法
课时建议	12 课时

任务 1　实现页面顶部导航

任务目标

❖　掌握使用 ArkTS 实现 UI 布局的方法
❖　掌握计时器组件 TextTimer 的用法
❖　掌握事件的使用方法
❖　掌握静态数据的读取方法

任务陈述

1. 任务描述

在应用启动时，加载页面顶部导航。本任务需要完成如下功能。

（1）顶部导航组件包含一个计时器。

（2）计时器由控制器组件进行控制。

（3）单击按钮实现倒计时开始或暂停。

2. 运行结果

顶部导航组件运行结果如图 8-2 所示。

图 8-2　顶部导航组件运行结果

知识准备

1. 计时器组件 TextTimer

TextTimer 是通过文本显示计时信息并控制其计时器状态的组件。

1）接口

接口为 TextTimer(options?: { isCountDown?: boolean, count?: number, controller?: TextTimerController })。

2）参数

TextTimer 组件的接口参数见表 8-1。

表 8-1　TextTimer 组件的接口参数

参 数 名 称	参 数 类 型	是 否 必 填	参 数 描 述
isCountDown	boolean	否	是否倒计时。 默认值：false
count	number	否	倒计时时间（isCountDown 为 true 时生效），单位为毫秒。最长不超过 86400000 毫秒（24 小时）。当 0<count<86400000 时，count 值为倒计时初始值。否则，使用默认值为倒计时初始值。 默认值：60000
controller	TextTimerController	否	TextTsimer 控制器

3）属性

TextTimer 组件的属性见表 8-2。

表 8-2　TextTimer 组件的属性

属 性 名 称	参 数 类 型	参 数 描 述
format	string	自定义格式，需要至少包含一个 HH、mm、ss、SS 中的关键字。若使用 yy、MM、dd 等日期格式，则使用默认值。默认值：'HH:mm:ss.SS'

4）事件

TextTimer 组件的事件见表 8-3。

表 8-3　TextTimer 组件的事件

事 件 名 称	功 能 描 述
onTimer(event:(utc:number,elapsedTime: number)=>void)	时间文本发生变化时触发。utc：Linux 时间戳，即自 1970 年 1 月 1 日起经过的毫秒数。elapsedTime：计时器经过的时间，单位为毫秒

2. 控制器组件 TextTimerController

TextTimerController 是 TextTimer 组件的控制器，用于控制文本计时器。一个 TextTimer 组件仅支持绑定一个控制器。

在使用控制器组件时需要先导入对象，代码如下。

```
textTimerController: TextTimerController = new TextTimerController()
```

该对象有三个函数，分别是计时开始 start()、计时暂停 pause() 和重置计时器 reset()。示例代码见代码清单 8-1。

代码清单 8-1

```
1.    private textTimerController: TextTimerController = new TextTimerController()
2.      //计时器组件
3.    builder(){
4.      Row(){
5.        Colum(){
6.    TextTimer({count: 3000000, isCountDown:true, controller:this.textTimerController})
7.    .fontSize(20).format('mm:ss')
8.    }.height('100%').width('60%')
9.    .justifyContent(FlexAlign.Center)
10.       Row(){
11.         Button('Start').onClick(()=>{
12.           This.textTimerController.start()
13.         })
14.         Button('Pause).onClick(()=>{
15.           This.textTimerController.pause()
16.         })
17.         Button('Reset).onClick(()=>{
```

```
18.            This.textTimerController.reset()
19.          })
20.        }
21.      }
22.    }
23.  }
```

任务实施

1. 新建工程

打开 DevEco Studio，新建一个工程并选择 OpenHarmony 的 Empty Ability（注意，这里不能选择 HarmonyOS）。

单击 Next 按钮后，在弹出的界面中设置工程名为 OnlineExa，工程类型为 Appliction，包名为 com.example.onlineexa，编译版本为 9，模型为 Stage，兼容版本为 9，设置完成后，单击 Finish 按钮完成工程创建，如图 8-3 所示。

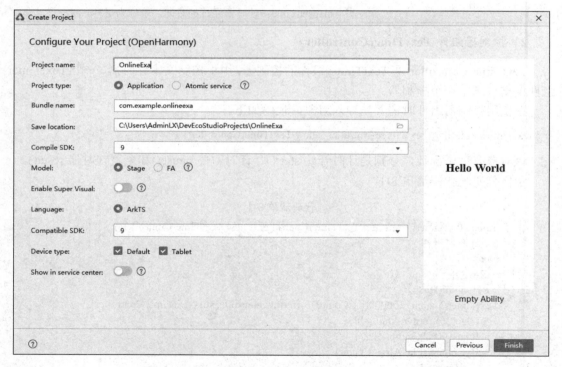

图 8-3　工程具体信息

2. 引入图片资源

找到项目中的 resources/base/media 路径，把图片资源复制粘贴到该目录下即可，如图 8-4 所示。

找到项目中的 resources/zh_CN/element 路径，如图 8-5 所示，打开 string.json 文件，修改文件中 EntryAbility_label 的 value 内容，具体代码见代码清单 8-2。

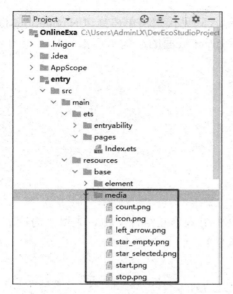

图 8-4　引入图片资源　　　　　　　图 8-5　string.json 文件

代码清单 8-2

```
1.    {
2.      "string": [
3.        {
4.          "name": "EntryAbility_label",
5.          "value": "在线考试系统"
6.        }
7.      ]
8.    }
```

修改完成后，应用会显示修改后的图标和应用名称。

3.　新建项目组件文件

在项目的 pages 文件夹下新建应用顶部导航 NavigationMenus.ets 组件文件、底部工具栏 NavigationToolBar.ets 组件文件及内容页 NavigationContent.ets 组件文件，如图 8-6 所示。

图8-6　新建项目组件文件

在每个组件文件中写入一个基本结构,具体代码见代码清单 8-3(以 NavigationMenus.ets 组件文件为例,其余两个组件文件只有第二行 struct 后面的结构名称不同)。

代码清单 8-3

```
1.    @Component
2.    export struct NavigationMenus{
3.     build() {
4.      Row() {}
5.     }
6.    }
```

4. 在 Index.ets 主页中引入其他组件

写好所有的组件文件后,在 Index.ets 主页中引入这些组件文件。先引入对应的组件,再创建对应的组件内容,具体代码见代码清单 8-4。

代码清单 8-4

```
1.    import {NavigationMenus} from './NavigationMenus'
2.    import {NavigationToolBar} from './NavigationToolBar'
3.    import {NavigationContent} from './NavigationContent'
4.    @Entry
5.    @Component
6.    struct Index {
7.     build() {
8.       Column() {
9.         NavigationMenus().width('100%').height('7%')
10.        NavigationContent().width('100%').height('86%')
11.        NavigationToolBar().width('100%').height('7%')
12.      }.width('100%').height('100%').justifyContent(FlexAlign.Start)
13.     }
14.   }
```

5. 给顶部导航组件定义相关变量

写好所有页面基本结构后,在 NavigationMenus.ets 组件文件中定义停止图片变量 stopImage、开始图片变量 startImage 及一个动态变量 stopStarted(指向这个图片是启动还是停止,默认是停止)。具体代码见代码清单 8-5。

代码清单 8-5

```
1.    //导航菜单部分
2.    @Component
3.    export struct NavigationMenus {
4.     //先保存一个停止图片和启动图片
5.     private stopImage:Resource = $r('app.media.stop') //停止图片
6.     private startImage:Resource = $r('app.media.start')//启动图片
7.     //创建一个动态变量,指向这个图片是启动还是停止
8.     @State stopStarted: boolean = false        //默认为停止
9.     @State currTimeStr: string = '00:00'       //存储当前时间的变量
10.    private duration = 3000                    //倒计时的时间(单位为秒,默认是 3000 秒)
```

| 11. | private currTime: number = this.duration | //存储剩余时间 |
| 12. | private timeId:number = 0 | //定时器 ID |

6. 创建格式化当前时间函数

在倒计时的过程中，由于在分、秒小于 10 的情况下只有一位数，所以需要在小于 10 的数前面补 0 以实现倒计时的完整性。在代码清单 8-5 的第 12 行后面添加一个格式化当前时间的函数 formatTime()，该函数通过三目运算符在小于 10 的时间前面补 0，具体代码见代码清单 8-6。

代码清单 8-6

```
1.    formatTime(time){
2.        return time<10? `0${time}`:`0${time}`
3.    }
```

7. 创建倒计时时间计算函数

在代码清单 8-6 的后面添加一个显示倒计时时间的方法 timeStr()，该方法实现剩余时间的计算，同时计算剩余时间的分和秒分别是多少，并将结果保存在当前时间变量 currTimerStr 中，具体代码见代码清单 8-7。

代码清单 8-7

```
1.    timeStr(){
2.        this.currTime--                          //-1 秒
3.        let minute=Math.floor(this.currTime / 60)  //计算分
4.        let second=Math.floor(this.currTime % 60)  //计算秒
5.        this.currTimeStr=`${this.formatTime(minute:this.formatTime(second)}`
6.    }
```

8. 添加生命周期函数

在代码清单 8-7 的后面添加生命周期函数 aboutToAppear()，aboutToAppear 函数在创建自定义组件的新实例后，在执行其 build 函数之前执行。允许在 aboutToAppear 函数中改变状态变量，更改后的变量将在后续执行 build 函数时生效。具体代码见代码清单 8-8。

代码清单 8-8

```
1.    aboutToAppear(){
2.        this.currTime++
3.        this.timeStr()
4.    }
```

9. 创建定时器启动函数

在代码清单 8-8 后面添加函数 changeTime()，该函数通过线程的方式改变当前显示的剩余时间，线程每秒运行一次，具体代码见代码清单 8-9。

代码清单 8-9

```
1.    changeTime(){
2.        let t=this
```

```
3.        this.timeId=setInterval(function(){
4.           t.timeStr()
5.           if(t.currTime<=0){
6.              clearInterval(t.timeId)        //若时间归零，则计时结束
7.              t.currTime=t.duration+1         //还原成初始时间值
8.              t.timeStr()                     //重新计时
9.           }
10.       },1000)
11.   }
```

10. 设置页面布局

在页面的 build 函数内使用 Flex 方式进行布局，在 Flex 内需要使用三个 Row 布局组件，在第一个 Row 布局组件内放置返回箭头图片，在第二个 Row 布局组件内放置开始/停止按钮图片、倒计时文字及倒计时组件，在第三个 Row 布局组件内放置设置文本，具体代码见代码清单 8-10。

代码清单 8-10

```
1.   Flex({wrap:FlexWrap.NoWrap}) {
2.     Row() {
3.       Image($r('app.media.left_arrow'))
4.          .width(30).height(30).objectFit(ImageFit.Contain)
5.     }.height('100%').width('30%')
6.     Row() {
7.       Image(this.stopStarted ? this.startImage : this.stopImage)
8.          .width(25).height(25).objectFit(ImageFit.Contain)
9.       Text('倒计时').fontSize(20).margin({left:10})
10.      //计时器组件
11.      Text(this.currTimeStr)
12.         .fontSize(20) .margin({left:5})
13.    }.height('100%').width('60%')
14.    .justifyContent(FlexAlign.Center)
15.    Row() {
16.      Text('设置').fontSize(20)
17.    }.height('100%').width('30%') .justifyContent(FlexAlign.End)
18.  }.height('7%').width('90%')
```

11. 添加事件完成倒计时功能

给代码清单 8-10 的第 8 行图片组件添加 onClick 事件，实现计时器的启动和停止功能。应用加载时，倒计时没有开始，变量 stopStarted 的值为 false，点击开始后，清空之前的线程 ID，并再次启动定时器，同时变量 stopStarted 的值为 true。点击停止后，清除定时器，具体代码见代码清单 8-11。

代码清单 8-11

```
1.   Image(this.stopStarted ? this.startImage : this.stopImage)
2.   .width(25).height(25).objectFit(ImageFit.Contain)
```

```
3.        .onClick(() => {
4.          if (this.stopStarted) {              //停止
5.    clearInterval(this.timeId)                 //清除定时器
6.          } else {
7.    clearInterval(this.timeId)                 //启动之前，清空之前的线程 ID
8.            this.changeTime()                  //再次启动定时器
9.          }
10.         this.stopStarted = !this.stopStarted //改变原图片的状态
11.     })
```

任务 2　实现页面底部工具栏

任务目标

- ❖ 掌握 ArkTS 组件的常用属性
- ❖ 掌握动态 UI 的编写方法
- ❖ 掌握静态数据的加载方法
- ❖ 掌握当前题目的处理逻辑
- ❖ 掌握弹窗组件的使用方法

任务陈述

1. 任务描述

在应用启动时，加载页面底部工具栏组件。本任务需要完成如下功能。

（1）页面底部工具栏包含收藏功能。

（2）单击"交卷"按钮实现结束考试功能。

（3）显示回答正确与错误的题目数量。

（4）显示题目总数和当前已回答的题目数量。

2. 运行结果

页面底部工具栏运行结果如图 8-7 所示。

图 8-7　页面底部工具栏运行结果

知识准备

1. 数据准备

准备静态数据，在 pages 文件夹下创建 TypeScript 文件 CommData.ts，数据格式见代码清单 8-12，其中 id 表示题目编号，question 表示题干，answer 表示题目的答案，item1、item2、item3、item4 表示题目选项，expalins 表示题目的详细解析，url 表示题目是否有图片，url 为空表示没有图片。

代码清单 8-12

```
1.    export class CommData {
2.        static data:Array<any> = [{
3.        "id": 1,
4.        "question": "驾驶人违反《中华人民共和国道路交通安全法》发生重大事故后，因逃逸致人死亡的，处多少年有期徒刑？",
5.        "answer": "4",
6.        "item1": "2 年以下",
7.        "item2": "3 年以下",
8.        "item3": "7 年以下",
9.        "item4": "7 年以上",
10.       "expalins": "要看清题目致人死亡的是不是因为逃逸造成的，如果是，那就是 7 年以上。",
11.       "url": ""
12.       },
13.           {
14.       "id": 2,
15.       "question": "机动车仪表板上（如图所示），ABS 灯亮表示什么？",
16.       "answer": "1",
17.       "item1": "防抱死制动系统故障",
18.       "item2": "驻车制动器处于解除状态",
19.       "item3": "行车制动系统故障",
20.       "item4": "安全气囊处于故障状态",
21.       "expalins": "ABS 就是防抱死制动系统",
22.       "url": http://apistore.data.eolinker.com/driver_question/c1c2subject1_1122.jpeg"
23.           },
24.           ...
25.       }
```

2. @Prop 单向绑定注解

@Prop 与@State 语义相同，但初始化方式不同。@Prop 装饰的变量必须使用其父组件提供的@State 变量进行初始化，允许组件内部修改@Prop 变量，但更改不会通知给父组件，即@Prop 属于单向数据绑定。

@Prop 状态数据具有以下特征：

（1）支持简单类型：仅支持 number、string、boolean 简单类型。

（2）私有：仅在组件内访问。

（3）支持多个实例：一个组件中可以定义多个标有@Prop 的属性。

（4）创建自定义组件时将值传递给@Prop 变量进行初始化：在创建组件的新实例时，必须初始化所有@Prop 变量，不支持在组件内部进行初始化。

3．弹窗提示

弹窗提示相关组件已在前面章节中介绍，此处不再赘述。

弹窗提示的具体代码见代码清单 8-13。

代码清单 8-13

```
1.     @Entry
2.     @Component
3.     struct AlertPage {
4.        build() {
5.         Row() {
6.          Column() {
7.            Button('弹窗提示').fontSize(30).fontWeight(FontWeight.Bold)
8.              .onClick(()=>{
9.               AlertDialog.show({
10.                title:'提示',                              //弹窗标题
11.                message:'你好，这是弹窗中的提示内容',        //提示内容
12.                autoCancel:true,                          //自动取消
13.                alignment: DialogAlignment.Center,         //弹窗在应用中的对齐方式为居中
14.                confirm:{                                  //验证
15.                  value: '确定',
16.                  action:()=>{
17.                  }
18.                }
19.              })
20.             })
21.         }.width('100%')
22.        }.height('80%')
23.      }
24.    }
```

程序运行结果如图 8-8 所示。

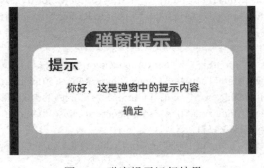

图 8-8 弹窗提示运行结果

任务实施

1. 底部工具栏页面布局

在 NavigationToolBar.ets 文件中，首先定义相关变量及单向绑定注解，然后编写对应的 UI，其中回答正确、错误的题目数量通过单向注解由内容页传递。UI 用 Flex 方式进行布局，包含四个 Row 布局组件，第一个 Row 布局组件中放置收藏图片及"交卷"按钮，第二个 Row 布局组件中放置回答正确的题目数量，第三个 Row 布局组件中放置回答错误的题目数量，第四个 Row 布局组件中放置当前题目及总题数，具体代码见代码清单 8-14。

代码清单 8-14

```
1.    //底部工具栏
2.    @Component
3.    export struct NavigationToolBar {
4.      private stared: boolean = false          //是否收藏
5.      @State startSelected: Resource = $r('app.media.star_empty')
6.      private wh:number = 20
7.      @Prop rightCount:number                  //回答正确题目数统计
8.      @Prop errorCount:number                  //回答错误题目数统计
9.      @Prop num:number                         //当前题目
10.     @Prop total:number                       //总题数
11.     build() {
12.       Row() {
13.         Flex({wrap:FlexWrap.NoWrap}) {
14.           Row(){
15.             Image(this.startSelected).width(25).height(25).objectFit(ImageFit.Contain)
16.             Button('交卷').width(70).height(32).margin({left: 10}).backgroundColor(0x02AEEC)
17.           }.width('50%').height('100%').justifyContent(FlexAlign.Start)
18.           Row(){
19.             Row() {
20.               Text('√').fontSize(14).backgroundColor(0x1FA9F8).fontColor(Color.White)
21.                 .textAlign(TextAlign.Center).borderRadius(50).width(this.wh).height(this.wh)
22.               Text(`${this.rightCount}`).fontSize(18).fontColor(0x1FA9F8)
23.                 .textAlign(TextAlign.Center).borderRadius(50).width(this.wh).height(this.wh)
24.             }
25.             Row() {
26.               Text('X').fontSize(14).backgroundColor(0xFC6661).fontColor(Color.White)
27.                 .textAlign(TextAlign.Center).borderRadius(50).width(this.wh).height(this.wh)
28.               Text(`${this.errorCount}`).fontSize(18).fontColor(0xFC6661)
29.                 .textAlign(TextAlign.Center).borderRadius(50).width(this.wh).height(this.wh)
30.             }.margin({left:15})
31.           }.width('50%').height('100%').justifyContent(FlexAlign.Center)
32.           Row(){
33.             Image($r('app.media.count')).width(22).height(22).objectFit(ImageFit.Contain)
34.             Text(`${this.num}`).fontSize(22).fontColor(Color.Black).textAlign(TextAlign.Center)
```

```
35.                    .margin({left: 10})
36.                Text('/'+this.total).fontSize(22).fontColor(0xA3A3A3).textAlign(TextAlign.Center)
37.            }.width('50%').height('100%').justifyContent(FlexAlign.End)
38.         }
39.     }.height('100%').width('95%')
40.   }
41. }
```

2. 添加收藏功能

在代码清单 8-14 中，给第 15 行的图片组件 Image 添加 onClick 点击事件，实现收藏后的图片变化，具体代码见代码清单 8-15。

代码清单 8-15

```
1. Image(this.startSelected).width(25).height(25).objectFit(ImageFit.Contain)
2.   .onClick(() => {
3.      if (this.stared) {
4.         this.startSelected = $r('app.media.star_empty')
5.      } else {
6.         this.startSelected = $r('app.media.star_selected')
7.      }
8.    this.stared = !this.stared
9.   })
```

3. 添加交卷功能

用户点击"交卷"按钮后触发事件，通过 AlertDialog 组件实现成绩展示，具体代码见代码清单 8-16。

代码清单 8-16

```
1. Button('交卷').width(70).height(32).margin({left: 10}).backgroundColor(0x02AEEC)
2.   .onClick(()=>{
3.      AlertDialog.show({
4.         title:'成绩提示',
5.         message:'恭喜你做对了'+`${this.rightCount}`+'题，做错了'+
6.         `${this.errorCount}`+'题，您的成绩是: '+`${this.rightCount/this.total*100}`,
7.         autoCancel:true,
8.         alignment: DialogAlignment.Center,
9.         confirm:{
10.           value: '确定',
11.           action:()=>{
12.           }
13.        }
14.     })
15.   })
```

程序运行结果如图 8-9 所示。

图 8-9　成绩提示运行结果

任务 3　内容页功能实现

任务目标

- ❖ 掌握单向注解与双向注解的传值
- ❖ 掌握页面上下滑动组件的使用方法
- ❖ 掌握自定义组件的实现方法
- ❖ 掌握业务逻辑处理方法

任务陈述

1. 任务描述

应用启动后，内容页加载试题的相关内容供用户选择，并给出正确与否的提示及试题详解。本任务需要完成如下功能。

（1）自定义可选答案组件。

（2）页面的上下滑动功能。

（3）根据题号加载试题题干及可选答案。

（4）用户选择答案后，给出正确与否的提示，并给出试题详解。

（5）把相关参数通过双向注解传值到页面工具栏。

（6）单击"上一题"按钮可以返回上一题，单击"下一题"按钮可跳转到下一题。

2. 运行结果

内容页选择答案后的运行结果如图 8-10 所示。

图 8-10　内容页选择答案后的运行结果

知识准备

1. @Link 双向绑定注解

@Link 装饰的变量可以和父组件的@State 变量建立双向数据绑定。@Link 变量具有以下特征。

（1）支持多种类型：@Link 变量的类型与@State 变量的类型相同，即 class、number、string、boolean 或这些类型的数组。

（2）私有：仅在组件内访问。

（3）单个数据源：初始化@Link 变量的父组件的变量必须是@State 变量。

（4）双向通信：子组件对@Link 变量的更改将同步修改父组件的@State 变量。

（5）创建自定义组件时需要将变量的引用传递给 @Link 变量，在创建组件的新实例时，必须使用命名参数初始化所有@Link 变量。@Link 变量可以使用@State 变量或@Link 变量的引用进行初始化，@State 变量可以通过'$'操作符创建引用。

2. 可滚动容器组件 Scroll

Scroll 组件的相关内容已在前面章节中介绍，此处不再赘述。

滚动组件的具体代码见代码清单 8-17。

代码清单 8-17

```
1.    //ScrollExm.ets
2.    @Component
3.    struct ScrollExample {
4.    scroller: Scroller = new Scroller()
5.      private arr: number[] = [0, 1, 2, 3, 4, 5, 6, 7, 8, 9]
6.      build() {
7.        Scroll(this.scroller) {
8.          Column() {
9.            forEach(this.arr, (item) => {
10.             Text(item.toString()).width('90%').height(150).backgroundColor(0xFFFFFF)
11.               .borderRadius(15).fontSize(16).textAlign(TextAlign.Center).margin({ top: 10 })
12.           }, item => item)
13.         }.width('100%')
14.       }
15.       .scrollable(ScrollDirection.Vertical)      //滚动方向为纵向
16.       .scrollBar(BarState.On)                     //滚动条常驻显示
17.       .scrollBarColor(Color.Gray)                 //滚动条的颜色
18.       .scrollBarWidth(10)                         //滚动条的宽度
19.       .edgeEffect(EdgeEffect.None)
20.       .onScroll((xOffset: number, yOffset: number) => {
21.         console.info(xOffset + ' ' + yOffset)
22.       })
23.       .onScrollEdge((side: Edge) => {
24.         console.info('To the edge')
25.       })
26.       .onScrollEnd(() => {
27.         console.info('Scroll Stop')
28.       })
29.     }
30.   }
```

3. 自定义构建函数@Builder

ArkUI 提供了一种更轻量的 UI 元素复用机制@Builder，@Builder 所装饰的函数遵循 build 函数语法规则，开发者可以将重复使用的 UI 元素抽象成一个方法，在 build 方法里调用。为了简化语言，将@Builder 装饰的函数称为"自定义构建函数"，从 API version 9 开始，该装饰器支持在 ArkTS 卡片中使用。

1）自定义组件内的自定义构建函数

ArkUI 允许在自定义组件内定义一个或多个自定义构建函数，该函数被认为是该组件的私有、特殊类型的成员函数。自定义构建函数可以在所属组件的 build 方法和其他自定义构建函数中调用，但不允许在组件外调用。在自定义函数体中，this 指代当前所属组件，组件的状态变量可以在自定义构建函数内访问。建议通过 this 访问自定义组件的状态变量而不是参数传递。

定义的语法为@Builder myBuilderFunction({ ... })，使用方法为 this.myBuilderFunction

（{ … }）。

2）全局自定义构建函数

全局自定义构建函数可以被整个应用获取，不允许使用 this 和 bind 方法。如果不涉及组件状态变化，建议使用全局自定义构建方法。

定义的语法为 @Builder function MyGlobalBuilderFunction({ … })，使用方法为 MyGlobalBuilderFunction()。

3）参数传递规则

自定义构建函数的参数传递方法有按值传递和按引用传递两种。调用@Builder 装饰的函数默认按值传递。当传递的参数为状态变量时，状态变量的改变不会引起@Builder 方法内的 UI 刷新。所以当使用状态变量时，推荐使用按引用传递。按引用传递参数时，传递的参数可为状态变量，且状态变量的改变会引起@Builder 方法内的 UI 刷新，ArkUI 提供$$作为按引用传递参数的范式。

按值传递和按引用传递均需遵守以下规则。

（1）参数的类型必须与参数声明的类型一致，不允许 undefined、null 和返回 undefined、null 的表达式。

（2）在自定义构建函数内部，不允许改变参数值。如果需要改变参数值，且同步回调，建议使用@Link。

（3）@Builder 内 UI 语法遵循 UI 语法规则。

任务实施

1. 定义相关变量

在 NavigationContent.ets 文件中需要用到 CommData.ets 文件中的数据，因此要先导入 CommData.ets 文件。同时需要把数据传送到首页，因此需要使用双向绑定注解，在此定义了四个双向绑定注解，分别是正确答题 rightCount 注解、错误答题 errorCount 注解、当前答题数量 num 注解、总共题目数量 total 注解。定义题目选项数组变量 itemCaseArr、题目编号索引变量 idx、保存当前的题目变量 currData、正确答案标注变量 blueColor（默认为蓝色）、错误答案标注变量 redColor（默认为红色）。

定义正常颜色数组 colorNormal，加载题目后未作答的题目颜色，第一个颜色为选项的背景颜色；第二个颜色为选项字体的颜色；第三个颜色为选项内容的颜色。当对题目进行回答后，需要改变选项颜色，因此，定义作答正确颜色数组变量 colorRight，作答错误颜色数组变量 colorError。作答后使用变量 isRight 记录该题目是否正确，使用变量 isAnswer 记录该题目是否已作答，使用变量 answerNumber 记录选择的选项，使用数组 answerData 记录已答的问题数据，具体代码见代码清单 8-18。

代码清单 8-18

```
1.    import {CommData} from './CommData'
2.    //内容
```

```
3.      @Component
4.      export struct NavigationContent {
5.          private data:any = CommData.data              //从 CommData.ts 文件中读取数据
6.          //传递首页的参数，双向绑定
7.          @Link rightCount:number                        //正确答题
8.          @Link errorCount:number                        //错误答题
9.          @Link num:number                               //当前答题数量
10.         @Link total:number                             //总共题目数量
11.         private itemCaseArr:Array<string> = ['A', 'B', 'C', 'D']  //题目选项
12.         @State idx:number = 0                          //题目编号索引
13.         private currData: any = this.data[0]           //定义一个变量，保存当前的题目
14.         private blueColor: Color = 0x1FABF7            //正确答案标注为蓝色
15.         private redColor: Color = 0xFE6869             //错误答案标注为红色
16.         //定义正常颜色，加载题目后未作答的题目颜色
17.         //第一个颜色为选项的背景颜色，第二个颜色为选项字体的颜色，第三个颜色为选项内容的
颜色
18.         private colorNormal: Array<Color> = [0xEEEEEE, Color.Black, Color.Black]
19.         //作答正确的颜色
20.         private colorRight: Array<Color> = [this.blueColor, Color.White, this.blueColor]
21.         //作答错误的颜色
22.         private colorError: Array<Color> = [this.redColor, Color.White, this.redColor]
23.         @State isRight:boolean = false                 //答题是否正确
24.         @State isAnswer:boolean = false                //本题目是否已作答
25.         private answerNumber: number                   //选择的选项
26.         private answerData:Array<any> = []             //存储回答过的问题数据
27.      private scroller: Scroller = new Scroller()       //创建滚动对象
```

2. 定义作答后的颜色改变函数

该函数通过变量 isAnswer 来判断用户是否已经对该题目进行作答，如果未作答，则返回答案的正常颜色参数 colorNormal（黑色）；如果已作答，则向参数 selectAnswer 传递用户选择的答案并与当前题目的答案进行比较，如果两者相等，则返回回答正确颜色（蓝色），如果两者不相等，则返回回答错误颜色（红色）。该函数位于代码清单 8-18 的第 27 行后面，具体代码见代码清单 8-19。

代码清单 8-19

```
1.      /**
2.       * 获取对应的颜色组
3.       * @param selectAnswer 当前的选项
4.       */
5.      getColor(selectAnswer:number) {
6.        if (this.isAnswer) {                //是否回答过该问题，只要已回答，必定显示正确答案的颜色
7.            if (`${selectAnswer}` === this.currData.answer) {
8.            return this.colorRight          //回答正确，显示蓝色
9.          }
10.         //回答错误，显示红色
11.         if (!this.isRight && selectAnswer === this.answerNumber) {
12.           return this.colorError
13.         }
```

```
14.        }
15.        return this.colorNormal                              //若未回答，统一为正常样式（黑色）
16.    }
```

3. 定义判断选项标号是字母还是√或×函数

　　题目答案选项的显示可以分为两种情况，一是题目加载后还未作答，此时的答案标号是默认的字母（A、B、C、D）。二是用户已经作答，如果选择的答案正确，则答案标号变为蓝色的√；如果选择的答案错误，则用户选中项的答案标号变为红色的×，同时标注出正确的答案，其标号为蓝色的√。该函数在代码清单 8-19 的第 16 行后面，具体代码见代码清单 8-20。

代码清单 8-20

```
1.    /**
2.     * 判断选项标号是字母（A、B、C、D）还是√或×
3.     * @param itemCase  当前的字母
4.     * @param selectAnswer  当前第几个选项
5.     */
6.    getCase(itemCase:string, selectAnswer:number) {
7.      if (this.isAnswer) {                                    //是否已作答
8.        if (`${selectAnswer}` === this.currData.answer) {     //回答正确，变成蓝色
9.          return '√'
10.       }
11.       //回答错误，该选项标号变成×
12.       if (!this.isRight && selectAnswer === this.answerNumber) {//回答错误，显示错误的颜色
13.         return '×'
14.       }
15.     }
16.     return itemCase                                          //选项默认的字母
17.   }
```

4. 定义状态刷新函数

　　用户在回答完一个题目后，需要把该题目的题号、选择的答案、是否正确等数据记录下来并刷新。因此，需要定义一个状态刷新函数，具体代码见代码清单 8-21。

代码清单 8-21

```
1.    //刷新状态（是否回答、是否正确、回答选项的状态）
2.    flushStatus(item: any) {
3.      this.isAnswer = item.isAnswer
4.      this.isRight = item.isRight
5.      this.answerNumber = item.answerNumber
6.    }
```

5. 定义答案选项构建函数

　　为了更好地展示答案选项，通过@Builder 自定义答案选项构建函数 itemBuilder (itemCase: string, item: string, selectAnswer:number)，该构建函数包括三个参数，其中，参数

itemCase 传递选项编号，参数 item 传递选项内容，参数 selectAnswer 传递用户选择的答案。该构建函数使用按钮组件 Button 来实现，在 Button 中通过子组件 Row 控制按钮的样式，在 Row 中有两个文本框组件 Text。第一个文本框组件显示题目答案编号，该文本框的样式（√或×）通过 getCase 函数来改变，其颜色通过 getColor 函数进行修改；第二个文本框组件显示题目答案内容，其字体颜色通过 getColor 函数进行修改。具体代码见代码清单 8-22。

代码清单 8-22

```
1.    //答案选项构建函数
2.    @Builder itemBuilder(itemCase: string, item: string, selectAnswer:number) {
3.      Button({type:ButtonType.Normal}) {
4.        Row() {
5.          Text(this.getCase(itemCase, selectAnswer))
6.            .fontSize(18).backgroundColor(this.getColor(selectAnswer)[0])   //每次获取一组颜色
7.            .width(30).height(30).textAlign(TextAlign.Center)
8.            .fontColor(this.getColor(selectAnswer)[1])
9.            .borderRadius(50).shadow({radius:10, color: Color.Gray})
10.         Text(item)
11.           .fontSize(22).margin({left:10}).fontColor(this.getColor(selectAnswer)[2])
12.           .width('85%').textAlign(TextAlign.Start)
13.        }
14.        .justifyContent(FlexAlign.Start).margin({left: 10, top: 10, bottom: 10 })
15.        .width('100%')
16.      }.width('100%').backgroundColor(Color.White)
17.    }
```

6. 实现页面布局

整个页面使用一个 Column 布局，其中内容页分为两大部分，第一部分包括"上一题""下一题"按钮，该部分使用 Flex 弹性布局；第二部分是题目部分，包括题干、题目图片、可选择的答案、用户选择的答案、正确答案和题目解析，该页面可以实现上下滑动。用户通过"上一题""下一题"按钮实现题目选择，当用户选择答案后，系统会给出正确答案和用户选择的答案，同时显示详解，该部分使用一个 Column 布局。

题干部分通过记录题号的变量 idx 从数组 data 的 id 属性、question 属性和 url 属性中分别获取题目编号、题干内容和题目包含的图片。在 url 属性中，如果该属性非空，则通过 Image 组件加载该题目中包含的图片。选项部分则使用自定义构建函数 itemBuilder，同时给该函数传递选项标号（A、B、C、D）、选项内容及用户选择的答案序号。

变量 isAnswer 用来记录该题目是否已作答，默认情况下 isAnswer 的值为 false，如果用户已作答，则 isAnswer 的值改为 true，同时显示正确答案和用户选择的答案。试题详解通过一个 Column 来布局，题目解析的内容通过 currData 的 expalins 属性获取。具体代码见代码清单 8-23。

代码清单 8-23

```
1.    build() {
2.      Column() {
3.        Flex({justifyContent: FlexAlign.SpaceBetween}){
```

```
4.         Button('上一题').backgroundColor(0x02AEEC).fontSize(16).height(35).margin({left:10})
5.         Button('下一题').backgroundColor(0x02AEEC).fontSize(16).height(35).margin ({right:10})
6.     }.width('100%').margin(10)
7.       Column() {
8.         Scroll(this.scroller) {
9.           Column() {
10.             //题目
11.             Text('(单选) '+this.data[this.idx].id+'.'+this.data[this.idx].question)
12.               .fontSize(22).margin({bottom: 10}).textAlign(TextAlign.Start).width('98%')
13.             if (this.data[this.idx].url) {
14.               Row() {
15.                 Image(this.data[this.idx].url).width(120).height(120)          //加载题目中包含的图片
16.                   .objectFit(ImageFit.Contain)
17.               }.width('100%').justifyContent(FlexAlign.Center)
18.             }
19.     this.itemBuilder('A', this.data[this.idx].item1, 1)                       //选项
20.             this.itemBuilder('B', this.data[this.idx].item2, 2)
21.             this.itemBuilder('C', this.data[this.idx].item3, 3)
22.             this.itemBuilder('D', this.data[this.idx].item4, 4)
23.             //答案
24.             if (this.isAnswer) {
25.               //显示答案区域
26.               Row({space: 10}) {
27.                 Text('答案').fontSize(20).fontWeight(600).margin({left: 10})
28.                 Text(this.itemCaseArr[this.currData.answer - 1])
29.                   .fontSize(20).fontWeight(600).fontColor(this.blueColor)
30.                 Text('您选择').fontSize(20).fontWeight(600)
31.                 Text(this.itemCaseArr[this.answerData[this.idx].answerNumber - 1])
32.                   .fontSize(20).fontWeight(600)
33.                   .fontColor(this.isRight ? this.blueColor : this.redColor)
34.               }.width('90%').backgroundColor(0xF2F5FA).height('7%')
35.               .justifyContent(FlexAlign.Start)
36.               //试题详解
37.               Column() {
38.                 Text('试题详解').fontWeight(600).fontSize(25)
39.                   .width('100%').textAlign(TextAlign.Center).margin({top: 20})
40.                 Text('题目解析').fontWeight(600).fontSize(20).width('96%')
41.                   .textAlign(TextAlign.Start).margin({top:10})
42.                 Text(this.currData.expalins).fontSize(20).fontWeight(400).width('96%')
43.                   .textAlign(TextAlign.Start).margin({top: 20})
44.               }.width('100%')
45.             }
46.           }.width('100%').justifyContent(FlexAlign.Start)
47.         }.scrollable(ScrollDirection.Vertical)                                 //滚动方向为纵向
48.         .scrollBar(BarState.On)                                               //滚动条常驻显示
49.         .scrollBarColor(Color.Gray)                                          //滚动条的颜色
50.         .scrollBarWidth(10)                                                   //滚动条的宽度
51.         .edgeEffect(EdgeEffect.Spring)
52.         .width('100%')
```

```
53.        }.width('100%').height('93%').justifyContent(FlexAlign.Start)
54.      }.height('100%').width('100%')
55.    }
```

7. 给"上一题""下一题"按钮添加事件

首先给"上一题""下一题"按钮添加 onClick 点击事件。用户单击"上一题"按钮后需要判断题目编号索引 idx 是否大于 0,如果 idx 大于 0,则表示存在上一题,可以上翻到上一个题目,Data 数组的索引 idx 减 1 实现往前走一个数据。然后通过变量 currData 来保存当前选中的题目信息,同时上一题已经保存过,所以不需要判断,只需要刷新状态即可。最后设置当前题号变量 num 为 idx+1。具体代码见代码清单 8-24。

代码清单 8-24

```
1.     // "上一题" 按钮事件
2.     Button('上一题')
3.       .backgroundColor(0x02AEEC).fontSize(16).height(35).margin({left:10})
4.       .onClick(() => {
5.         if (this.idx > 0) {
6.           this.idx--                          //往前走一个数据
7.           //保存当前选中的题目信息
8.           this.currData = this.data[this.idx]
9.           //上一题已经保存过,所以不需要判断,只需要刷新状态即可
10.          this.flushStatus(this.answerData[this.idx])
11.          this.num = this.idx + 1             //设置当前题目的题号
12.        }
13.      })
```

用户单击"下一题"按钮后,题目编号索引需要往后走一个数据,因此 idx 需要加 1。然后,用变量 currData 保存当前选中的题目信息,如果在回答过的问题数组变量 answerData 中不存在该题目信息,则初始化保存基本信息。最后刷新当前题目的颜色状态,并设置当前题号变量 num 为题目编号索引 idx 加 1。具体代码见代码清单 8-25。

代码清单 8-25

```
1.     // "下一题" 按钮事件
2.     Button('下一题').backgroundColor(0x02AEEC).fontSize(16).height(35).margin({right:10})
3.       .onClick(() => {
4.         if (this.idx < this.data.length) {
5.           this.idx++                          //往后走一个数据
6.           this.currData = this.data[this.idx]  //保存当前选中的题目信息
7.           if (!this.answerData[this.idx]) {    //如果不存在该题目信息,则保存基本信息
8.             this.answerData[this.idx] = {      //初始化状态
9.               isAnswer: false,
10.              isRight: false,
11.              answerNumber: 0
12.            }
13.          }
14.          this.flushStatus(this.answerData[this.idx])//刷新当前题目的颜色状态
15.              this.num = this.idx + 1          //设置当前题目的题号
```

```
16.            }
17.          })
18.      }.width('100%').margin(10)
```

8. 给自定义构建函数 itemBuilder 添加事件

用户选择答案时会触发自定义构建函数 itemBuilder 中按钮的 onClick 事件。在事件中首先判断用户是否已经回答过该题目。如果没有回答过，则先获取当前回答的题目数据 answerData，改变答题标记变量 isAnswer 的值为 true，改变答案变量 anserNumber 的值为用户选择的值，改变回答是否正确变量 isRight 的值为用户选择的答案与题目正确答案比较后的结果。然后对 isRight 的值进行判断，如果 isRight 的值为 true，则正确题目数量变量 rightCount 加 1，否则错误题目数量变量 errorCount 加 1。最后通过 flushStatus 函数刷新答题数据状态。如果已经回答过该题目，则不需要做任何改变。具体代码见代码清单 8-26。

代码清单 8-26

```
1.   //itemBuilder 按钮事件
2.   @Builder itemBuilder(itemCase: string, item: string, selectAnswer:number) {
3.       Button({type:ButtonType.Normal}) {
4.           Row() {
5.   ......
6.           }.justifyContent(FlexAlign.Start).margin({left:10,top: 10, bottom: 10 }).width('100%')
7.       }.width('100%').backgroundColor(Color.White)
8.       .onClick(() => {
9.           if (!this.isAnswer) {                              //没有回答过
10.              let d = this.answerData[this.idx]              //获取当前回答的题目数据
11.              d.isAnswer = true                              //改变回答标志，变成已回答
12.              d.answerNumber = selectAnswer                  //选择的答案
13.              d.isRight = `${selectAnswer}` === this.currData.answer   //回答是否正确
14.              if(d.isRight) {                                //正确
15.                  this.rightCount++
16.              } else {
17.                  this.errorCount++
18.              }
19.              this.flushStatus(d)                            //刷新状态
20.          }
21.      })
22.  }
```

项目小结

本项目实现了一个简单的在线考试系统应用，主要讲述了使用 ArkTS 进行页面布局、TextTimer 组件、定时器线程、静态数据、动态注解、事件回调处理、时间对象、弹窗组件、上下滑动组件、自定义构建函数等内容。

习　题

一、选择题

1. 下列选项中，（　　）不是计时器组件 TextTimer 的参数。
   A．isCountDown
   B．count
   C．controller
   D．options

2. 下列选项中，（　　）不是计时控制器组件 TextTimerController 的函数。
   A．start
   B．begin
   C．reset
   D．pause

3. 用（　　）装饰器修饰的 struct 表示该结构体具有组件化能力。
   A．@Component
   B．@Entry
   C．@Builder
   D．@Preview

4. 下列关于@Prop 修饰符的说法中，错误的是（　　）。
   A．支持简单数据类型：仅支持 number、string、boolean 类型
   B．私有：标记为@Prop 的属性是私有变量，仅支持组件内访问
   C．支持多个实例：一个组件中可以定义多个标有@Prop 的属性
   D．支持在组件内部进行初始化

5. 自定义组件导出时使用的关键字是（　　）。
   A．export
   B．import
   C．struct
   D．out

6. 下列选项中，（　　）不是 AlertDialog 对象的 show()函数参数。
   A．title
   B．message
   C．autoCancel
   D．format

7. 下列关于@Link 双向绑定注解的描述中错误的是（　　）。
   A．仅支持 number、string、boolean 等简单类型
   B．仅在组件内访问
   C．单个数据源：初始化@Link 变量的父组件的变量必须是@State 变量
   D．双向通信：子组件对@Link 变量的更改将同步修改父组件的@State 变量

8. 下列关于自定义组件的说法中，错误的是（　　）。
   A．自定义组件需要使用@Component 修饰符和 struct 关键字修饰，格式为"@Component struct + 组件名称"
   B．struct：表示被修饰的代码段是一个结构体，使用 struct 关键字必须实现 build 方法，否则编译器报错
   C．@Entry：表示被修饰的结构体具有组件化的能力，它可以成为一个独立的组件
   D．@Entry：表示当前组件是页面的总入口，一个页面有且仅有一个@Entry 修饰符，只有被@Entry 修饰的组件或者子组件才能在页面上显示

二、填空题

1．TextTimerController 控制器组件通过_____函数来启动倒计时计时器功能。

2．自定义组件需要使用_____修饰符和 struct 关键字修饰。

3．@State 装饰的变量是组件内部的状态数据，当这些状态数据被修改时，将会调用所在组件的_____方法进行 UI 刷新。

4．@Prop 修饰符支持简单数据类型，其中包括_____、_____、_____。

5．_____在组件创建或组件内修饰的变量更新时，系统并不会自动调用 build 方法。

项目 8 答案

项目 8 代码

项目 8 课件

项 **9** 目

智能电子时钟

本项目需要实现一个简单的智能电子时钟应用。该应用可进行当前日期、星期、时间、室温、湿度、温度、天气的动态显示。室温和湿度由硬件设备的温湿度传感器检测，由代码进行监听获取实时数据并显示，而温度和天气数据则由 HTTP 请求网络数据并显示。应用右上角可进行整点提醒的设置，打开整点提醒后，每个整点会有蜂鸣器的响声提醒。此外，该时钟还有设置闹钟的功能，单击闹钟图标，可进行闹铃时间的设置，设置后会出现闹铃倒计时，到达设置时间时，时钟上会有弹窗并调用硬件设备的蜂鸣器进行提醒。页面效果如图 9-1 所示。

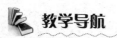

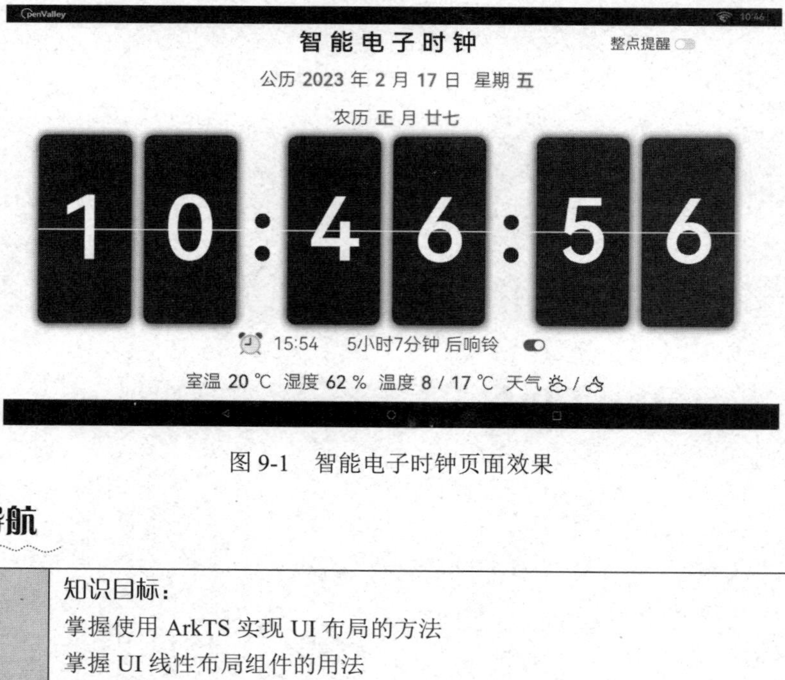

图 9-1　智能电子时钟页面效果

教学导航

教学目标	知识目标： 掌握使用 ArkTS 实现 UI 布局的方法 掌握 UI 线性布局组件的用法 掌握 ArkTS 组件的封装方法 掌握 ArkTS 工具类的使用方法 掌握 ArkTS 组件之间的数据传递方法

教学目标	掌握事件处理的方法
	掌握定时器与延时器的用法
	掌握时间的各种处理方式
	掌握资源文件的调用方法
	掌握硬件设备与应用代码之间的相互调用方法
	掌握 HTTP 网络请求数据与网络权限申请的方法
	能力目标：
	具备根据需求实现页面布局并完成业务逻辑的能力
	具备编写样式文件的能力
	具备熟练处理事件响应的能力
	具备使用代码实现硬件与软件相互协调的能力
	具备使用 HTTP 网络请求处理数据的能力
	素质目标：
	培养阅读鸿蒙官网开发者文档的能力
	培养科学逻辑思维
	培养学生的学习兴趣与创新精神
	培养规范编码的职业素养
教学重点	使用 ArkTS 实现 UI 布局
	UI 线性布局组件的用法
	ArkTS 组件之间的数据传递
	时间的各种处理方式
教学难点	硬件设备与应用代码之间的相互调用
	定时器与延时器的用法
	HTTP 网络请求数据与网络权限申请
课时建议	12 课时

任务 1　显示当前时间的公历与农历信息

任务目标

❖　掌握使用 ArkTS 实现 UI 布局的方法
❖　掌握 UI 线性布局组件的用法
❖　掌握组件样式属性的使用方法
❖　掌握 ArkTS 组件之间的数据传递方法
❖　掌握 Date 时间类的日期获取方式

任务陈述

1. 任务描述

在应用启动时，获取系统当前时间。本任务需要完成如下功能。

（1）获取系统当前时间公历年、月、日和星期中文，并在页面上显示。

（2）获取系统当前时间农历月和日，并在页面上显示。

2. 运行结果

系统当前时间运行结果如图 9-2 所示。

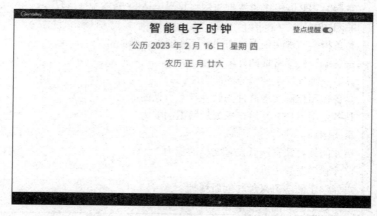

图 9-2　系统当前时间运行结果

知识准备

1. 时间类型

在 JavaScript 中，Date 对象用来获取系统当前的时间信息。Date 对象包含了获取时间具体信息的函数，本任务用到的函数见表 9-1。

表 9-1　日期函数说明

函 数 名 称	说　　　明
getFullYear	获取 4 位数的年份
getMonth	获取月份，从 1 到 12
getDate	获取当月的具体日期，从 1 到 31
getDay	获取一周中的第几天，从 0（星期日）到 6（星期六）

显示系统当前日期的格式为×××年××月××日 星期×，具体代码见代码清单 9-1。

代码清单 9-1

```
1.   //显示系统当前日期的程序代码
2.   let nowTime = new Date()
3.   let year = nowTime.getFullYear()
4.   let month = nowTime.getMonth()
5.   let date = nowTime.getDate()
6.   let week = nowTime.getDay()
7.   let weekName = ['日', '一', '二', '三', '四', '五', '六']
8.   console.log(year+'年'+month+'月'+date+'日'+' 星期'+weekName[week])
```

```
9.    //程序运行结果
10.   2023 年 1 月 23 日 星期四
```

2. 农历

本任务中使用的农历代码是由作者编写的工具类，其中涉及的农历属性说明见表 9-2。

表 9-2　农历属性说明

属 性 名 称	说　　　　明
lunarYearCn	农历天干地支纪年，例如，2023 年为癸卯年
lunarMonthCn	农历中文月，名称写法：一月到十二月
lunarDayCn	农历中文日，名称写法：1 到 10 为初一到初十，11 到 20 为十一到二十，21 到 30 为廿一到三十
zodiacYear	农历生肖年，十二生肖有子鼠、丑牛、寅虎、卯兔、辰龙、巳蛇、午马、未羊、申猴、酉鸡、戌狗、亥猪
solarTerm	节气，农历总共有二十四节气：立春、雨水、惊蛰、春分、清明、谷雨、立夏、小满、芒种、夏至、小暑、大暑、立秋、处暑、白露、秋分、寒露、霜降、立冬、小雪、大雪、冬至、小寒、大寒

显示系统当前农历时间的格式为××××年××月××，具体代码见代码清单 9-2。

代码清单 9-2

```
1.    //显示系统当前农历时间的程序代码
2.    import calendar from '../model/Calendar'        //先导入农历工具类
3.    @Entry
4.    @Component
5.    struct Index {
6.      aboutToAppear() {
7.      console.log(" + calendar.lunarYearCn+calendar.zodiacYear+' 年 '+calendar.lunarMonthCn+' 月 '+calendar.lunarDayCn)
8.      }
9.      ...
10.   }
11.   //程序运行结果
12.   癸卯兔年二月初四
```

任务实施

1. 新建工程

打开 DevEco Studio，新建一个工程并选择 OpenHarmony 的 Empty Ability（注意，这里不能选择 HarmonyOS）。

单击 Next 按钮后，在弹出的界面中设置工程名为 EleckClock，工程类型为 Application，包名为 com.openvalley.eleckclock，编译版本为 9，模型为 Stage，兼容版本为 9，设置完成后，单击 Finish 按钮完成工程创建，如图 9-3 所示。

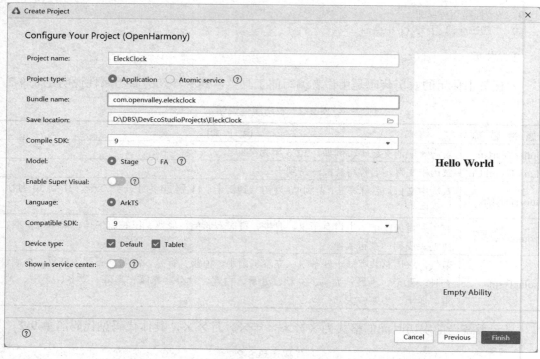

图 9-3   工程具体信息

2. 修改项目图标与名称

在项目中的 resources/base/media 路径下找到 icon.png 文件，如图 9-4 所示。保持 icon.png 文件名不变，替换图片即可，图片尺寸为 114×114。

在项目中的 resources/zh_CN/element 路径下找到 string.json 文件，如图 9-5 所示。

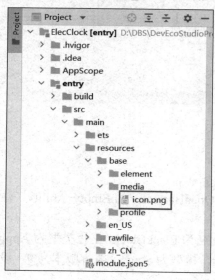

图 9-4   icon.png 文件

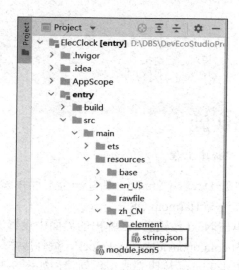

图 9-5   string.json 文件

打开 string.json 文件，修改文件中 EntryAbility_label 的 value 内容，具体代码见代码清单 9-3。修改完成后，应用会显示修改后的名称。

代码清单 9-3

```
1.    {
2.      "string": [
3.        {
4.          "name": "EntryAbility_label",
5.          "value": "电子时钟"
6.        }
7.      ]
8.    }
```

3. 设计时钟页面布局

通过分析，可以将时钟页面布局从整体到局部进行划分。将时钟页面分成六个部分，分别调节每个部分的占比，总体为垂直线性布局。第一、二、三、五、六这五个部分分别占比 10%，第四部分占比 50%，如图 9-6 所示。

图 9-6　时钟页面布局

4. 创建每个部分的组件文件

需要在每个部分写上对应的布局和内容，并实现时钟的功能。

先在 ets 文件夹下创建一个新的 Dirctory 子文件夹 Components。然后在 Components 中创建六个 ArkTS 文件，分别为 AlarmComponent.ets、DateComponent.ets、LunarComponent.ets、TimeComponent.ets、TitleComponent.ets、WeatherComponent.ets，如图 9-7 所示。

在每个文件中写入一个基本结构，具体代码见代码清单 9-4（以 TitleComponent.ets 文件为例，其余五个文件对应的代码只有第 3 行 struct 后面的结构名称不同）。

代码清单 9-4

```
1.    //第一行：标题部分
2.    @Component
3.    export struct TitleComponent {
4.      build() {
```

```
5.        Row() {}
6.      }
7.    }
```

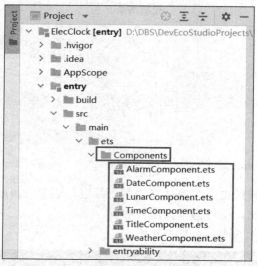

图 9-7　六个部分的组件文件

5. 在 Index.ets 主页中引入其他组件

写好所有的组件文件后，在 Index.ets 主页中引入这些文件。先引入对应的组件，再创建对应的组件内容。具体代码见代码清单 9-5。

代码清单 9-5

```
1.   import {TimeComponent} from '../Components/TimeComponent'
2.   import {TitleComponent} from '../Components/TitleComponent'
3.   import {AlarmComponent} from '../Components/AlarmComponent'
4.   import {DateComponent} from '../Components/DateComponent'
5.   import {LunarComponent} from '../Components/LunarComponent'
6.   import {WeatherComponent} from '../Components/WeatherComponent'
7.   @Entry
8.   @Component
9.   struct Index {
10.    build() {
11.     Column() {
12.      TitleComponent()                    //标题
13.       .layoutWeight(1)                   //权重
14.       .backgroundColor(Color.Red)        //背景颜色
15.       .width('100%')                     //内容宽度
16.      DateComponent()                     //显示日期
17.       .layoutWeight(1)
18.       .backgroundColor(Color.Orange)
19.       .width('100%')
20.      LunarComponent()                    //显示农历
21.       .layoutWeight(1)
```

```
22.            .backgroundColor(Color.Green)
23.            .width('100%')
24.        TimeComponent()                          //显示时间
25.            .layoutWeight(5)
26.            .backgroundColor(Color.Blue)
27.            .width('100%')
28.        AlarmComponent()                         //闹钟
29.            .layoutWeight(1)
30.            .backgroundColor(Color.Grey)
31.            .width('100%')
32.        WeatherComponent()                       //显示温度、湿度、天气
33.            .layoutWeight(1)
34.            .backgroundColor(Color.Brown)
35.            .width('100%')
36.      }
37.      .height('100%').width('100%')
38.    }
39.  }
```

6. 完成标题部分的编写

背景颜色只是作为布局参考，去掉所有的 backgroundColor 背景颜色，在 TitleComponent.ets 中编写标题和整点提醒开关按钮组件。具体代码见代码清单 9-6。

代码清单 9-6

```
1.    //第一行：标题部分
2.    @Component
3.    export struct TitleComponent {
4.      build() {
5.        Row() {                                   //所有内容水平排列
6.          Text('智能电子时钟')                      //标题
7.            .textAlign(TextAlign.Center)
8.            .fontWeight(500)                       //字体粗细 0～900
9.            .fontSize(40)                          //字体大小
10.           .width('50%')                          //组件宽度
11.           .textAlign(TextAlign.End)              //组件文本内容位置
12.         Text('整点提醒')
13.           .fontWeight(300).fontSize(25).margin({left:220})
14.         Toggle({ type: ToggleType.Switch, isOn: true })   //整点提醒开关
15.           .selectedColor('#007DFF')             //打开部分的颜色
16.           .switchPointColor('#FFFFFF')          //圆点的颜色
17.           .size({width:35, height:35})
18.           .onChange(() => {                      //单击开关后触发回调函数
19.           })
20.         }
21.         .justifyContent(FlexAlign.Center)        //所有内容居中
22.       }
23.   }
```

程序运行结果如图 9-8 所示。

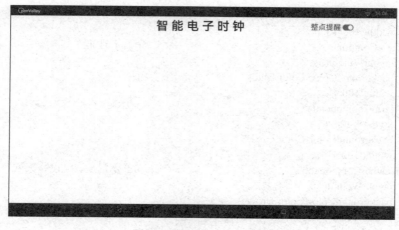

图 9-8　标题程序运行结果

7. 完成日期公历部分和农历部分的编写

在 DateComponent.ets 文件中，编写显示当前公历日期年、月、日、星期的组件。其布局和标题的布局基本一致，组件也只有 Text 文本组件，具体代码见代码清单 9-7。

代码清单 9-7

```
1.   //第二行：日期部分
2.   @Component
3.   export struct DateComponent {
4.     @Builder commText(content:string) {              //固定字体
5.       Text(content)
6.         .fontSize(30)                                //字体大小
7.         .textAlign(TextAlign.Center)                 //文本显示水平位置
8.         .fontWeight(300)                             //字体粗细
9.         .margin({left:10, right:10})                 //该组件的外边距
10.        .fontColor('#333333')                        //字体颜色
11.    }
12.    @Builder showText(content:string) {              //动态字体
13.      Text(content).fontSize(30).textAlign(TextAlign.Center).fontWeight(500).fontColor('#ec4e8a')
14.    }
15.    build() {
16.      Row() {                                        //显示日期
17.        this.commText('公历')                        //公历文本
18.        this.showText('2022')                        //年份数字显示区域
19.        this.commText('年')                          //年份文本
20.        this.showText('9')                           //月份数字显示区域
21.        this.commText('月')                          //月份文本
22.        this.showText('12')                          //日期数字显示区域
23.        this.commText('日')                          //日期文本
24.        this.commText('星期')                        //星期文本
25.        this.showText('一')                          //星期数字显示区域
26.      }
27.      .justifyContent(FlexAlign.Center)
```

```
28.    }
29.  }
```

公历部分编写完成后，在 LunarComponent.ets 文件中完成农历部分的编写，代码基本与公历部分一致。程序运行结果如图 9-9 所示。

图 9-9 日期公历与农历程序运行结果

8. 显示公历部分的当前日期

在 DateComponent.ets 文件中，定义年 year、月 month、日 day、星期 weekDay 四个@State 动态属性，以及星期中文数组 weekDayArr 属性。具体代码见代码清单 9-8。

代码清单 9-8

```
1.   //第二行：日期部分
2.   @Component
3.   export struct DateComponent {
4.     @State private year: number = 0              //年
5.     @State private month: number = 0             //月
6.     @State private day: number = 0               //日
7.     @State private weekDay: string = "           //星期
8.     //星期对应所有的中文列表
9.     private weekDayArr: Array<string> = ['日','一','二','三','四','五','六']
10.    ......
11.  }
```

将对应动态显示数字的 Text 文本组件部分替换成对应的@State 属性，具体代码见代码清单 9-9。

代码清单 9-9

```
1.   //第二行：日期部分
2.   @Component
3.   export struct DateComponent {
4.     ......
5.     build() {
6.       Row() {                                    //显示日期
```

```
7.       this.commText('公历')                          //公历文本
8.       this.showText(this.year.toString())            //年份数字显示区域
9.       this.commText('年')                            //年份文本
10.      this.showText(this.month.toString())           //月份数字显示区域
11.      this.commText('月')                            //月份文本
12.      this.showText(this.day.toString())             //日期数字显示区域
13.      this.commText('日')                            //日期文本
14.      this.commText('星期')                          //星期文本
15.      this.showText(this.weekDay.toString())         //星期数字显示区域
16.    }
17.    .justifyContent(FlexAlign.Center)
18.    }
19.  }
```

编写 aboutToAppear 方法，用来初始化公历日期的属性。具体代码见代码清单 9-10。

代码清单 9-10

```
1.    //第二行：日期部分
2.    @Component
3.    export struct DateComponent {
4.      ......
5.      aboutToAppear() {                    //初始化时间信息（该方法会在项目启动时调用一次）
6.        let nowTime = new Date()           //获取当前日期对象
7.        //获取对应的年、月、日
8.        this.year = nowTime.getFullYear()
9.        this.month = nowTime.getMonth() + 1
10.       this.day = nowTime.getDate()
11.       //获取当前星期，得到的是数字 0～6，需要调取对应的中文显示
12.       this.weekDay = this.weekDayArr[nowTime.getDay()]
13.      }
14.      ......
15.    }
```

代码编写完成后，重新部署并启动项目，日期会变为当前系统的公历日期。程序运行结果如图 9-10 所示。

图 9-10　系统当前公历日期运行结果

9. 显示农历部分的当前日期

农历和公历不同，系统没有提供农历相应的 API，这里提供了农历帮助工具类，直接导入使用即可。

先在 ets 文件夹下创建一个 Directory 子文件夹 model，将源代码中的 Calendar.ts 文件复制粘贴到该文件夹下，如图 9-11 所示。

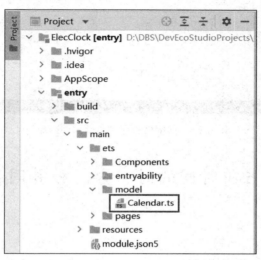

图 9-11　将 Calendar.ts 文件导入项目中

然后在 LunarComponent.ets 文件中引入 Calendar.ts 文件，在农历显示区域，使用 calendar 调用对应农历的月和日，具体代码见代码清单 9-11。

代码清单 9-11

```
1.    import calendar from '../model/Calendar'          //农历帮助工具类
2.    //第三行：农历部分
3.    @Component
4.    export struct LunarComponent {
5.      ......
6.      build() {
7.      Row() {
8.        this.commText('农历')                        //农历文本
9.        this.showText(calendar.lunarMonthCn.toString())   //农历月份数字显示区域
10.       this.commText('月')                          //月份文本
11.       this.showText(calendar.lunarDayCn.toString())     //农历日期显示区域
12.      }
13.      .justifyContent(FlexAlign.Center)
14.     }
15.   }
```

程序运行结果如图 9-12 所示。

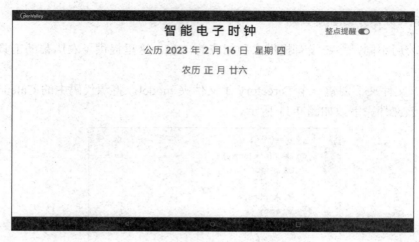

图 9-12　系统当前农历日期运行结果

任务 2　显示当前时间的时、分、秒并同步到硬件设备

任务目标

❖　掌握 ArkTS 组件的常用属性
❖　掌握动态 UI 的编写方法
❖　掌握硬件 API 的调用方法
❖　掌握定时器和延时器的用法
❖　掌握时、分、秒的处理逻辑

任务陈述

1. 任务描述

本任务需要完成如下功能。

（1）将系统当前时间的时、分、秒分别显示在应用的正中间。

（2）实现读秒效果，每过一秒钟，时、分、秒就刷新一次。

（3）实现秒钟前冒号的闪烁效果。

（4）实验箱矩阵屏显示当前星期，电子屏显示当前时间的时、分、秒，在电子屏中间实现冒号闪烁效果。

（5）整点提醒。每到整点时，调用实验箱的蜂鸣器进行声音提醒。

2. 运行结果

显示系统当前时间运行结果如图 9-13 所示。

图 9-13   显示系统当前时间运行结果

知识准备

1. 获取当前时间的时、分、秒

通过 Date 对象可以获取系统当前时间的时、分、秒数据，获取方法见表 9-3。

表 9-3   时间获取方法列表

名　　称	说　　明
getHours	获取 24 小时制的小时
getMinutes	获取分钟
getSeconds	获取秒钟

显示系统当前时间的格式为××时××分××秒，具体代码见代码清单 9-12。

代码清单 9-12

```
1.   //显示系统当前时间的程序代码
2.   let nowTime = new Date()
3.   let hour = nowTime.getHours()
4.   let minute = nowTime.getMinutes()
5.   let second = nowTime.getSeconds()
6.   console.log(hour+'时'+minute+'分'+second+'秒')
7.   //程序运行结果
8.   20 时 56 分 15 秒
```

2. digitalTube 电子屏

实验箱提供四位数码管显示，可以显示数字、部分英文或当前时间。常用接口如下。

（1）display(tube1: string, tube2: string, tube3: string, tube4: string): boolean。显示信息。
接口参数见表 9-4。

表 9-4　display 接口参数

参 数 名 称	参 数 类 型	是 否 必 填	参 数 描 述
tube1	string	是	第一位数码管显示信息
tube2	string	是	第二位数码管显示信息
tube3	string	是	第三位数码管显示信息
tube4	string	是	第四位数码管显示信息

display 方法的返回值为 boolean 类型，true 表示执行成功，false 表示执行失败。
例如，数码管显示 1234 的代码如下。

```
var result = digitalTube.display('1', '2', '3', '4');
```

（2）clear(): boolean。清空显示信息。

clear 方法的返回值为 boolean 类型，true 表示执行成功，false 表示执行失败。
例如，清空电子屏的代码如下。

```
var result = digitalTube.clear();
```

（3）toggleColon(status: ColonStatus): boolean。打开/关闭冒号显示。

toggleColon 方法的参数名称为 status，参数类型为 ColonStatus，是必填项，表示冒号
显示状态，属性见表 9-5。该方法的返回值为 boolean 类型，true 表示执行成功，false 表示
执行失败。

表 9-5　冒号显示状态属性

属 性 名 称	默 认 值	功 能 描 述
OFF	0	亮起
ON	1	熄灭

例如，亮起冒号的代码如下。

```
var result = digitalTube.toggleColon(ColonStatus.ON);
```

3. lattice 矩阵屏

实验箱提供 8×8 点阵显示，坐标点范围为(0,0)～(7,7)，可以显示 ACSII 码字符，绘制
点、线、形状等。注意：每次绘制前需要清空屏幕，防止多次绘制出现点阵重叠，影响正
确显示信息。常用接口如下。

（1）drawASCIICharacter(x: number, y: number, character: string): boolean。显示信息。
接口参数见表 9-6。

表 9-6　drawASCIICharacter 接口参数

参 数 名 称	类 型	是 否 必 填	参 数 描 述
x	number	是	偏移量 x
y	number	是	偏移量 y
character	string	是	ASCII 字符

该方法的返回值为 boolean 类型，true 表示执行成功，false 表示执行失败。

例如，显示数字 6 的代码如下。

```
var result = lattice.drawASCIICharacter(0, 0, '6');
```

（2）clear(): boolean。清空屏幕。

该方法的返回值为 boolean 类型，true 表示执行成功，false 表示执行失败。

例如，清空矩阵屏幕的代码如下。

```
var result = lattice.clear();
```

（3）refresh(): boolean。写入数据后刷新屏幕。

该方法的返回值为 boolean 类型，true 表示执行成功，false 表示执行失败。

例如，写入数据后刷新屏幕的代码如下。

```
var result = lattice.refresh();
```

4．buzzer 蜂鸣器

实验箱提供蜂鸣器控制，打开蜂鸣器后会发出声响。常用接口如下。

（1）turnOn(): boolean。打开蜂鸣器。

该方法的返回值为 boolean 类型，true 表示执行成功，false 表示执行失败。

例如，打开蜂鸣器的代码如下。

```
var result = buzzer.turnOn();
```

（2）turnOff(): boolean。关闭蜂鸣器。

该方法的返回值为 boolean 类型，true 表示执行成功，false 表示执行失败。

例如，关闭蜂鸣器的代码如下。

```
var result = buzzer.turnOff();
```

任务实施

1．实现时间动态显示与读秒效果

在 TimeComponent.ets 文件中编写对应的 UI。将时、分、秒的每个数字都显示在每一个单独的 Text 文本中，冒号也单独显示在一个 Text 文本中，总共有八个 Text 组件，内容暂时固定，对组件进行一些样式的调整。具体代码见代码清单 9-13。

代码清单 9-13

```
1.    //第四行：时间部分
2.    @Component
3.    export struct TimeComponent {
4.      @Builder TimeText(num:string) {        //时间显示模块
5.        Text(num)                            //显示的文本信息
6.          .fontSize(150)                     //字体大小
7.          .fontWeight(600)                   //字体粗细
```

```
8.        .backgroundColor('#333333')          //Text 组件的背景颜色为黑色
9.        .fontColor(Color.White)              //字体颜色为白色
10.       .margin({right: 20})                 //Text 组件的外边距
11.       .textAlign(TextAlign.Center)         //内容在 Text 组件中的位置
12.       .height('100%')                      //组件的高度
13.       .width('12%')                        //组件的宽度
14.       .borderRadius(15)                    //组件的四个角弧度
15.       .shadow({radius:15, color: '#333333'})  //显示黑色阴影
16.     }
17.     build() {
18.       Row() {
19.         Divider()                          //时间显示模块中间的白色横线
20.          .zIndex(5)                        //显示在最上层
21.          .strokeWidth(2)
22.          .color(Color.White)
23.          .position({ x: 0, y: '50%' })     //显示在居中位置
24.          .width('100%')
25.         this.TimeText('1')                 //时 1
26.         this.TimeText('3')                 //时 2
27.         Text(':')
28.          .fontSize(150)
29.          .fontWeight(800)
30.          .fontColor('#333333')
31.          .margin({right: 20})
32.          .textAlign(TextAlign.Center)
33.          .height('100%')
34.         this.TimeText('3')                 //分 1
35.         this.TimeText('4')                 //分 2
36.         Text(':')
37.          .fontSize(150)
38.          .fontWeight(800)
39.          .fontColor('#333333')
40.          .margin({right: 20})
41.          .textAlign(TextAlign.Center)
42.          .height('100%')
43.         this.TimeText('4')                 //秒 1
44.         this.TimeText('5')                 //秒 2
45.       }
46.       .justifyContent(FlexAlign.Center)
47.     }
48.   }
```

程序运行结果如图 9-14 所示。

2. 实现动态获取时间与读秒效果

定义六个动态属性来显示每个时间的变化，具体代码见代码清单 9-14。

图 9-14 时间动态显示运行结果

代码清单 9-14

```
1.    //第四行：时间部分
2.    @Component
3.    export struct TimeComponent {
4.      ......
5.    //每个黑色文本显示的数字，1～6 个位置
6.    @State hourOne: string = "
7.    @State hourTwo: string = "
8.    @State minuteOne: string = "
9.    @State minuteTwo: string = "
10.   @State secondOne: string = "
11.   @State secondTwo: string = "
12.     ......
13.   }
```

编写 changeTime 函数对每个时间数字进行动态改变。fillTime 函数用来判断时间数字是否是两位数，不足两位时补一个 0。分别引用动态的六个时间属性，在 aboutToAppear 函数中初始化时间，并启动一个定时器 setInterval，每过 1 秒执行一次 changeTime 函数，达到刷新效果。具体代码见代码清单 9-15。

代码清单 9-15

```
1.    //第四行：时间部分
2.    @Component
3.    export struct TimeComponent {
4.    //每个黑色文本显示的数字，1～6 个位置
5.      ......
6.    //初始化时间
7.    aboutToAppear() {
8.      this.changeTime()              //先刷新一次时间，否则会延迟 1 秒
9.      //启动数秒计时定时器，每过 1 秒执行一次
10.     setInterval(() => {
```

```
11.        this.changeTime()
12.      }, 1000)
13.    }
14.    changeTime() {                                    //刷新时间信息
15.      const time = new Date()                         //获取当前时间
16.      const hour = this.fillTime(time.getHours())     //获取当前小时
17.      this.hourOne = hour.charAt(0)                    //获取小时左边的数字
18.      this.hourTwo = hour.charAt(1)                    //获取小时右边的数字
19.      const minute = this.fillTime(time.getMinutes())
20.      this.minuteOne = minute.charAt(0)
21.      this.minuteTwo = minute.charAt(1)
22.      const second = this.fillTime(time.getSeconds())
23.      this.secondOne = second.charAt(0)
24.      this.secondTwo = second.charAt(1)
25.    }
26.    fillTime(time) {                                  //判断时间数字是否为两位数，不足两位数时，补一个0
27.      return time < 10 ? `0${time}` : `${time}`
28.    }
29.    @Builder TimeText(num:string) {                   //时间显示模块
30.      ......
31.    }
32.    build() {
33.      Row() {
34.        ......
35.        this.TimeText(this.hourOne)                    //时1
36.        this.TimeText(this.hourTwo)                    //时2
37.        ......
38.        this.TimeText(this.minuteOne)                  //分1
39.        this.TimeText(this.minuteTwo)                  //分2
40.        ......
41.        this.TimeText(this.secondOne)                  //秒1
42.        this.TimeText(this.secondTwo)                  //秒2
43.      }
44.      .justifyContent(FlexAlign.Center)
45.    }
46.  }
```

接下来实现冒号闪烁效果。定义一个变量 boolean 记录当前冒号的颜色状态，如果当前是黑色，就变成白色，如果当前是白色，就变成黑色，每过 1 秒变化一次，就实现了闪烁效果。在 aboutToAppear 函数中加入闪烁代码，见代码清单 9-16（注意第 18 行的颜色需改成动态的 colonTextColor 变量）。

代码清单 9-16

```
1.    //第四行：时间部分
2.    @Component
3.    export struct TimeComponent {
4.      @State isColonText: boolean = true              //文本冒号（闪烁）
```

```
5.      @State colonTextColor: string = '#333333'        //文本冒号的颜色，默认是黑色
6.      ......
7.     changeTime() {                                    //刷新时间信息
8.      this.colonTextColor = this.isColonText ? '#FFFFFF' : '#333333'    //文本冒号闪烁
9.      this.isColonText = !this.isColonText             //改变冒号的颜色状态
10.     ......
11.    }
12.    build() {
13.     Row() {
14.       ......
15.      Text(':')
16.       .fontSize(150)
17.       .fontWeight(800)
18.       .fontColor(this.colonTextColor)
19.       .margin({right: 20})
20.       .textAlign(TextAlign.Center)
21.       .height('100%')
22.       ......
23.     }
24.     .justifyContent(FlexAlign.Center)
25.    }
26.  }
```

3. 实现整点提醒效果

在 TitleComponent.ets 文件中定义@Link 双向绑定属性 isHourRing；在 TimeComponent.ets 文件中定义@Prop 单向绑定属性；在 Index.ets 文件中定义属性 isHourRing，接收 TitleComponent.ets 文件中的属性值，再将 isHourRing 属性传递给 TitleComponent.ets 文件和 TimeComponent.ets 文件。具体代码见代码清单 9-17。

代码清单 9-17

```
1.   //第一行：标题部分
2.   @Component
3.   export struct TitleComponent {
4.    @Link isHourRing: boolean                    //是否开启整点提醒（双向绑定 Index.ets）
5.    ......
6.     }
7.   //第四行：时间部分
8.   @Component
9.   export struct TimeComponent {
10.  //是否开启整点提醒（单向绑定 Index.ets）
11.   @Prop isHourRing: boolean
12.   ......
13.  }
14.  import {TimeComponent} from '../Components/TimeComponent'
15.  import {TitleComponent} from '../Components/TitleComponent'
16.  ......
```

```
17.    //时钟首页
18.    @Entry
19.    @Component
20.    struct Index {
21.     @State isHourRing: boolean = false        //是否开启整点提醒（双向绑定 TitleComponent.ets）
22.     build() {
23.      Column() {
24.       TitleComponent({isHourRing: $isHourRing})      //标题
25.        .layoutWeight(1)                   //权重
26.        .width('100%')                    //内容宽度
27.        ......
28.       TimeComponent({isHourRing: this.isHourRing})    //显示时间
29.        .layoutWeight(5)
30.        .width('100%')
31.        ......
32.      }
33.      .height('100%')
34.      .width('100%')
35.     }
36.    }
```

改变 TitleComponent.ets 文件中的 switch 开关后，在 TimeComponent.ets 文件中能监听到这个改变。在 TitleComponent.ets 标题的开关 onChange 回调函数中改变 isHourRing 的状态，将开关默认开启状态 isOn 改成变量 isHourRing，根据自己的设置（是 true 还是 false）决定开关状态。具体代码见代码清单 9-18。

代码清单 9-18

```
1.    //第一行：标题部分
2.    @Component
3.    export struct TitleComponent {
4.     @Link isHourRing: boolean                  //是否开启整点提醒（双向绑定 Index.ets）
5.     build() {
6.      Row() {                           //所有内容水平排列
7.       ......
8.       Toggle({ type: ToggleType.Switch, isOn: this.isHourRing })   //整点提醒开关
9.        .selectedColor('#007DFF')              //打开部分的颜色
10.        .switchPointColor('#FFFFFF')            //圆点的颜色
11.        .size({width:35, height:35})
12.        .onChange(() => {                  //单击开关后，触发回调函数
13.         this.isHourRing = !this.isHourRing        //单击开关后，将状态进行变换
14.        })
15.      }
16.      .justifyContent(FlexAlign.Center)           //所有内容居中
17.     }
18.    }
```

在 TimeComponent.ets 文件中先导入硬件设备蜂鸣器的依赖，再增加一个响铃持续时间

ringTime，默认是 2000 毫秒。判断 isHourRing 是否开启，秒数是否归零，如果 isHourRing 为开启状态且秒数归零，则调用硬件蜂鸣器并响铃。为了方便测试，这里使用的是一分钟响铃一次。最后设置一个延时器，在 ringTime 时间后，关闭蜂鸣器。具体代码见代码清单 9-19。

代码清单 9-19

```
1.    //@ts-ignore 蜂鸣器
2.    import buzzer from '@ohos.openvalley.buzzer';
3.    //第四行：时间部分
4.    @Component
5.    export struct TimeComponent {
6.      @Prop isHourRing: boolean                    //是否开启整点提醒（单向绑定 Index.ets）
7.      @State private ringTime: number = 2000       //响铃持续时间
8.      changeTime() {                               //刷新时间信息
9.        ......
10.       //整点提醒（为了方便测试，这里使用的是一分钟响铃一次，读者可自行更改）
11.       if (this.isHourRing && time.getSeconds() == 0) {
12.         buzzer.turnOn()                          //打开蜂鸣器
13.         setTimeout(() => {                       //设置定时器，在 ringTime 时间后关闭
14.           buzzer.turnOff()                       //关闭蜂鸣器
15.         }, this.ringTime)
16.       }
17.     }
18.     ......
19.   }
```

4. 在电子屏幕上显示时间并在矩阵屏幕上显示星期

在 TimeComponent.ets 文件中引入矩阵屏幕依赖和电子屏幕依赖，再创建一个枚举类 ColonStatus，用来指示电子屏幕冒号的开关；定义动态属性 colon，用来控制冒号的闪烁；在 changeTime 函数中调用矩阵屏幕和电子屏幕，用来显示星期和时间。具体代码见代码清单 9-20。

代码清单 9-20

```
1.    //@ts-ignore 蜂鸣器
2.    import buzzer from '@ohos.openvalley.buzzer';
3.    //@ts-ignore 矩阵屏幕
4.    import lattice from '@ohos.openvalley.lattice'
5.    //@ts-ignore 电子屏幕
6.    import digitalTube from '@ohos.openvalley.digitalTube';
7.    enum ColonStatus {                             //冒号开启/关闭枚举类
8.      OFF = 0,                                     //关闭
9.      ON = 1                                       //开启
10.   }
11.   //第四行：时间部分
12.   @Component
13.   export struct TimeComponent {
14.     ......
```

```
15.    @State colon: boolean = true                          //电子屏幕冒号（闪烁）
16.    ......
17.    changeTime() {                                          //刷新时间信息
18.      ......
19.    //数码管显示时、分。将四个数字显示在电子屏幕上
20.    digitalTube.display(this.hourOne, this.hourTwo, this.minuteOne, this.minuteTwo);
21.    let weekDay = time.getDay()                             //矩阵屏幕显示星期
22.      //1,0 代表 x,y 偏移量，后面是 ASCII 的字符
23.    lattice.drawASCIICharacter(1, 0, weekDay.toString());
24.    lattice.refresh();                                      //刷新矩阵屏幕信息
25.    //亮起冒号（闪烁）
26.    digitalTube.toggleColon(this.colon ? ColonStatus.OFF : ColonStatus.ON);
27.    this.colon = !this.colon;
28.    }
29.    ......
30.  }
```

任务 3 闹   钟

任务目标

- ❖ 掌握图片资源文件的加载方法
- ❖ 掌握时间倒计时效果的实现方法
- ❖ 掌握弹窗组件的使用方法
- ❖ 掌握定时器和延时器的使用方法
- ❖ 掌握蜂鸣器硬件的调用方法

任务陈述

1. 任务描述

设置闹钟时间，到设定时间时，铃声响起。本任务需要完成如下功能。

（1）编写闹钟区域对应的 UI，把闹钟设置按钮设置为一个闹钟图标。

（2）单击闹钟图标，弹出一个 24 小时制的小时和分钟弹窗选择器，单击"确定"按钮设置闹钟时间。

（3）设置完闹钟时间后，在闹钟右边显示响铃时间倒计时。

（4）倒计时结束后，调用蜂鸣器，铃声响起，响铃持续时间可自行设置。

（5）可以控制响铃开关，关闭开关后，设置的响铃将不会响起。

2. 运行结果

闹钟提醒运行结果如图 9-15 所示。

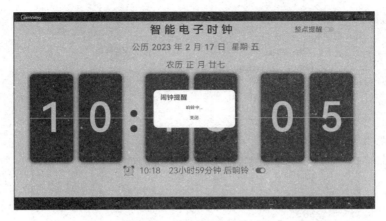

图 9-15　闹钟提醒运行结果

知识准备

TimePickerDialog 是时间滑动选择器弹窗组件，以 24 小时的时间区间创建时间滑动选择器，并展示在弹窗上，其参数见表 9-7。

表 9-7　TimePickerDialog 组件的参数

参 数 名 称	参 数 类 型	参 数 描 述
Selected	Date	设置当前选中的时间。 默认值：当前系统时间
useMilitaryTime	boolean	展示时间是否为 24 小时制，默认为 12 小时制。 默认值：false
onAccept(value: TimePickerResult)=>void	void	单击弹窗中的"确定"按钮时，触发该回调
onCancel()=>void	void	单击弹窗中的"取消"按钮时，触发该回调
onChange(value: TimePickerResult)=>void	void	滑动弹窗中的选择器，使当前选中时间改变时，触发该回调

制作一个时间滑动选择器弹窗，可以滑动选择小时和分钟，单击"确定"按钮获取当前时间，单击"取消"按钮打印"取消"提示。具体代码见代码清单 9-21。

代码清单 9-21

```
1.   //制作一个时间滑动选择器弹窗的程序代码
2.   private selectTime: Date = new Date('2020-12-25T08:30:00')    //时间变量
3.   TimePickerDialog.show({
4.     selected: this.selectTime,
5.     useMilitaryTime: true,
6.     onAccept: (value: TimePickerResult) => {
7.       this.selectTime.setHours(value.hour, value.minute)          //设置当前时间
8.       console.info("单击了确定，当前选择的时间毫秒是：" + JSON.stringify(value))
9.     },
```

```
10.    onCancel: () => {
11.      console.info("单击了取消!")
12.    },
13.    onChange: (value: TimePickerResult) => {
14.      console.info("时间改变，当前选择的时间毫秒是：" + JSON.stringify(value))
15.    }
16.  })
```

程序运行结果如图 9-16 所示。

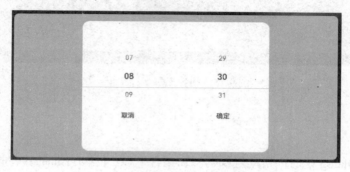

图 9-16　时间滑动选择器弹窗运行结果

任务实施

1. 设计闹钟页面

在 AlarmComponent.ets 文件中编写对应组件，这里涉及的组件有 Image（图片）、Text（文本）和 Toggle（切换）。

在 resources/base/media 路径下导入一个闹钟的 .png 图片（图片可在相关网站中下载），如图 9-17 所示。

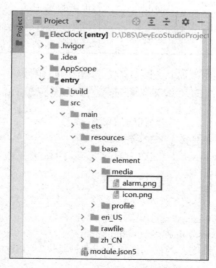

图 9-17　导入闹钟图片

　　定义三个动态变量 alarmTime、countDown 和 isAlarmRingOn。为了实现开启/关闭闹钟功能，对是否显示倒计时文本进行了逻辑判断。具体代码见代码清单 9-22。

代码清单 9-22

```
1.    //第五行：闹钟部分
2.    @Component
3.    export struct AlarmComponent {
4.      @State private alarmTime: string = '00:00'                          //设置闹钟时间
5.      @State private countDown: string = '00 小时 00 分钟 请设置'         //闹钟倒计时显示
6.      @State private isAlarmRingOn: boolean = true                        //是否开启闹钟，默认开启
7.      build() {
8.       Row() {
9.        Image($r('app.media.alarm'))                                      //设置闹钟图标
10.         .height(50)
11.         .width(50)
12.         .onClick(() => {})
13.        Text(this.alarmTime)                                             //显示闹钟时间
14.         .fontSize(30)
15.         .fontWeight(300)
16.         .margin({left:10})
17.         .fontColor('#333333')
18.         .width(80)
19.         .textAlign(TextAlign.Center)
20.        Text(this.isAlarmRingOn ? this.countDown : ")                    //显示倒计时
21.         .fontSize(30)
22.         .fontWeight(300)
23.         .width(320)
24.         .margin({left:10})
25.         .fontColor('#333333')
26.         .textAlign(TextAlign.Center)
27.        Toggle({ type: ToggleType.Switch, isOn: this.isAlarmRingOn })    //开启闹钟开关
28.         .selectedColor('#007DFF')
29.         .switchPointColor('#FFFFFF')
30.         .size({width:35, height:35})
31.         .onChange(() => {                                               //单击开关会执行此回调函数
32.           this.isAlarmRingOn = !this.isAlarmRingOn                      //单击开关，改变开关状态
33.         })
34.       }
35.       .justifyContent(FlexAlign.Center)
36.      }
37.    }
```

程序运行结果如图 9-18 所示。

图 9-18　闹钟页面运行结果

2. 编写闹钟倒计时和响铃效果

闹钟倒计时和响铃效果的具体代码见代码清单 9-23。单击闹钟图标后，显示时间滑动
选择器弹窗。

代码清单 9-23

```
1.   //@ts-ignore 蜂鸣器
2.   import buzzer from '@ohos.openvalley.buzzer';
3.   //第五行: 闹钟部分
4.   @Component
5.   export struct AlarmComponent {
6.      ......
7.      @State private firstSetting: boolean = true    //是否设置过闹钟
8.      private selectTime: Date = new Date()   //设置闹钟选中的当前时间, 启动闹钟时默认为当前时间
9.      private alarmIntervalId: number          //闹钟倒计时定时器编号, 方便后面清除定时器
10.     private ringTime:number = 2000           //响铃时间, 默认为2000, 单位为毫秒, 可自行修改
11.     build() {
12.      Row() {
13.      Image($r('app.media.alarm'))             //设置闹钟图标
14.       .height(50) .width(50)
15.       .onClick(() => {
16.       TimePickerDialog.show({
17.        selected: this.selectTime,
18.        useMilitaryTime: true,               //24 小时制
19.        onAccept: (value: TimePickerResult) => {  //单击"确定"按钮执行的回调函数
20.         this.firstSetting = false               //设置成功, 改变状态
21.         clearInterval(this.alarmIntervalId)    //清除原来的闹钟定时器
22.         //当前选择的时间, 只与小时和分钟有关, 与秒数无关
23.         this.selectTime.setHours(value.hour, value.minute, 0)
24.         //更新闹钟时间
25.         this.alarmTime = this.fillTime(value.hour) + ":" + this.fillTime(value.minute)
26.         this.isAlarmRingOn = true            //选择时间后打开闹钟
```

```
27.              this.startTimeRing()                    //开始计时
28.            }
29.          })
30.        })
31.        ......
32.        Toggle({ type: ToggleType.Switch, isOn: this.isAlarmRingOn }) //开启闹钟开关
33.          .selectedColor('#007DFF').switchPointColor('#FFFFFF').size({width:35, height:35})
34.          .onChange(() => {                           //单击闹钟开关时会执行此回调函数
35.            this.isAlarmRingOn = !this.isAlarmRingOn   //单击闹钟开关，改变开关状态
36.            //判断闹钟是否为打开状态，并判断是否为第一次设置闹钟
37.            if (this.isAlarmRingOn && !this.firstSetting) {
38.              this.startTimeRing()                     //如果开启闹钟，则开启倒计时
39.            } else {
40.              clearInterval(this.alarmIntervalId)      //关闭闹钟定时器
41.            }
42.          })
43.      }
44.      .justifyContent(FlexAlign.Center)
45.    }
46.    fillTime(time) {                                   //如果时间不足两位数，用 0 补齐
47.      return time < 10 ? `0${time}` : `${time}`
48.    }
49.    timeRemaining(period:number) {                     //显示闹钟剩余时间
50.      if (period < 0) {                                //判断倒计时是否归零
51.        clearInterval(this.alarmIntervalId)            //清除当前倒计时定时器
52.        this.ringDialog()                              //弹窗提示信息
53.        buzzer.turnOn()                                //打开蜂鸣器
54.        setTimeout(() => {                             //设置延时关闭闹钟，默认为 ringTime 的时间
55.          buzzer.turnOff();                            //关闭蜂鸣器
56.        }, this.ringTime)
57.        this.startTimeRing()                           //启动新的计时器
58.        return                                         //当前闹钟结束
59.      }
60.      let hourNum = Math.floor(period / 3600000)       //计算当前剩余的小时
61.      let minuteNum = Math.floor(period / 60000 % 60)  //计算当前剩余的分钟
62.      let countDownStr = "                             //闹钟倒计时显示文本
63.      if (hourNum == 0) {                              //不同的时间显示不同的效果
64.        countDownStr = minuteNum == 0 ? '不到 1 分钟 响铃' : minuteNum.toString() + "分钟 后响铃"
65.      } else {
66.        countDownStr = hourNum + '小时' + minuteNum + '分钟 后响铃'
67.      }
68.      this.countDown = countDownStr                    //更新倒计时
69.    }
70.    startTimeRing() {                                  //开启闹钟定时器
71.      let nowTime = new Date()                         //获取当前时间
72.      //设置时间的毫秒数-当前时间的毫秒数
73.      let period = this.selectTime.getTime() - nowTime.getTime()
74.      if (period <= 0) {                               //计算时间间隔是否到第二天
75.        period += 24 * 3600000
```

```
76.      }
77.         this.timeRemaining(period)                    //先刷新一次倒计时，否则会显示延迟一秒
78.         //开始倒计时定时器，保存定时器 ID，可以随时清除定时器
79.         this.alarmIntervalId = setInterval(() => {
80.            this.timeRemaining(period-=1000)            //每一秒刷新一次当前剩余时间
81.         }, 1000)
82.      }
83.      ringDialog() {                                     //响铃时调用的提醒弹窗
84.         AlertDialog.show({
85.            title: '闹钟提醒',
86.            message: '响铃中...',
87.            autoCancel: true,
88.            alignment: DialogAlignment.Center,
89.            gridCount: 3,
90.            confirm: {
91.               value: '关闭',
92.               action: () => {}
93.            }
94.         })
95.      }
96.   }
```

程序运行结果如图 9-19 所示。

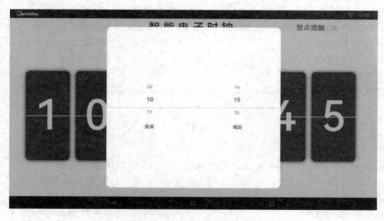

图 9-19 闹钟设置运行结果

单击"确定"按钮后，会将选择的时间设置到页面中，并开始倒计时，倒计时的显示效果有以下三种。

（1）当倒计时小于 1 分钟时，会显示"不到 1 分钟响铃"。

（2）当倒计时小于 1 小时时，会显示"××分钟后响铃"。

（3）当倒计时大于 1 小时时，会显示"××小时××分钟后响铃"。

设置完成后，如果右边的开关已打开，倒计时结束时，会有蜂鸣器响铃和弹窗提示，倒计时继续在第二天的这个时候开始响铃。响铃时间可自行更改，默认为 2000 毫秒。

任务 4 显示室内温度、湿度和当前天气信息

任务目标

❖ 掌握温湿度传感器的调用方法
❖ 掌握 HTTP 网络请求数据的方法
❖ 掌握 JSON 数据处理方法
❖ 掌握 rawfile 文件资源的调用方法

任务陈述

1. 任务描述

获取室内温度、湿度以及当前所在城市的温度和天气情况，并显示在应用最下方。本任务需要完成如下功能。

（1）调用实验箱温湿度传感器，获取当前室内的温度和湿度数据，并显示在应用页面上。

（2）获取当前城市气温的最低温度和最高温度，并显示在应用页面上。

（3）获取当前城市白天和夜晚的天气情况，如晴天、阴天、小雨等，调取天气情况对应图标并显示在应用页面上。

2. 运行结果

动态显示温湿度和天气运行结果如图 9-20 所示。

图 9-20 动态显示温湿度和天气运行结果

知识准备

1. sensor（温湿度传感器）

实验箱提供温湿度传感器，可以获取当前室温和湿度信息。

1）开启监听

开启温湿度传感器监听，实时监控并显示室内温湿度数据，具体代码见代码清单 9-24。

代码清单 9-24

```
1.    //开启温湿度传感器监听的程序代码
2.    sensor.on(sensor.SensorType.SENSOR_TYPE_ID_TEMPERATURE_HUMIDITY, (data) => {
3.        console.log('result: 室温：' + JSON.stringify(data.x) + '，湿度:'+ JSON.stringify(data.y));
4.    }, { interval: 2000000000 });
5.    //程序运行结果
6.    result: 室温：24，湿度:55
```

2）关闭监听

关闭温湿度传感器监听的代码如下。

```
sensor.off(sensor.SensorType.SENSOR_TYPE_ID_TEMPERATURE_HUMIDITY);
```

2. @ohos.net.http（数据请求）

应用可以通过 HTTP 发起一个数据请求，支持常见的 GET、POST、OPTIONS、HEAD、PUT、DELETE、TRACE、CONNECT 方法。HTTP 网络请求功能主要由 http 模块提供。使用该功能需要申请 ohos.permission.INTERNET 权限，涉及的接口见表 9-8。

表 9-8 http 对象接口

接 口 名 称	功 能 描 述
createHttp()	创建一个 http 请求
request()	根据 URL 地址，发起 HTTP 网络请求
destroy()	中断请求任务
on(type: 'headersReceive')	订阅 HTTP Response Header 事件
off(type: 'headersReceive')	取消订阅 HTTP Response Header 事件

使用 HTTP 网络请求，请求当前城市的天气数据并打印。具体代码见代码清单 9-25。

代码清单 9-25

```
1.    //使用 HTTP 网络请求的程序代码
2.    //创建一个 http 请求对象
3.    let httpRequest = http.createHttp()
4.    //发送请求
5.    httpRequest.request(
6.      //location 固定代表望城区；key 为申请数据的密钥；该天气数据一天可以请求 1000 次
7.      "https://devapi.qweather.com/v7/weather/3d?location=101250105&key=
```

0d1d0b45323047918219d86832733403",

```
8.          {}, (err, data) => {
9.          if (!err) {
10.            let result = JSON.parse(data.result.toString())
11.            let daily = result.daily[0]
12.            let tempMin = daily.tempMin          //当天最低温度
13.            let tempMax = daily.tempMax          //当天最高温度
14.            let textDay = daily.textDay          //白天天气
15.            let textNight = daily.textNight      //夜晚天气
16.            console.log('当天最低温度:'+tempMin +',最高温度:'+tempMax+',白天天气:'+textDay+',夜晚天
气:'+textNight)
17.          } else {
18.            this.tempMin = 0
19.            this.tempMax = 0
20.          }
21.        })
22.    //程序运行结果
23.    当天最低温度:-1,最高温度:5,白天天气:晴,夜晚天气:多云
```

任务实施

1. 添加配置与资源导入

要使用 HTTP 网络请求，必须在 module.json5 配置文件中加入网络请求权限。具体代码见代码清单 9-26。

代码清单 9-26

```
1.    {
2.      "module": {
3.        ......
4.        "requestPermissions": [
5.          {
6.            "name": "ohos.permission.INTERNET"
7.          }
8.        ],
9.        ......
10.      }
11.    }
```

在 ets/model 文件夹下导入 WeatherHelper.ts 工具类，该工具类用来设置红色和蓝色的渐变颜色，如图 9-21 所示。

在 resources/rawfile 文件夹下创建一个名为 weatherIcon 的子文件夹，然后将所有格式为.svg 的天气图标文件复制粘贴到该目录下，如图 9-22 所示。

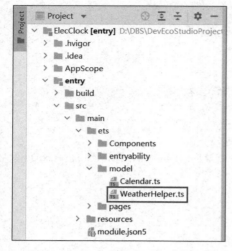

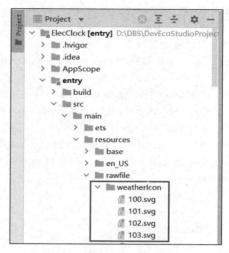

图9-21　导入WeatherHelper.ts工具类　　　　图9-22　导入天气图标文件

2. 显示室温、湿度和天气数据

在 WeatherComponent.ets 文件中添加天气数据显示页面，并实现温湿度传感器数据调用和网络请求天气数据，然后将数据显示在页面中。具体代码见代码清单 9-27。

代码清单 9-27

```
1.    import sensor from '@ohos.sensor';                        //温湿度传感器
2.    import http from '@ohos.net.http';                        //HTTP 网络请求
3.    import WeatherHelper from '../model/WeatherHelper';        //天气颜色帮助类
4.    //第六行：天气部分
5.    @Component
6.    export struct WeatherComponent {
7.      @State roomTemperature: number = 0                       //室温
8.      @State wetness: number = 0                               //湿度
9.      @State wetnessColor: string = "                          //湿度字体颜色
10.     @State tempMin: number = 0                               //最低温度
11.     @State tempMax: number = 0                               //最高温度
12.     @State tempMinColor: string = "                          //最低温度字体颜色
13.     @State tempMaxColor: string = "                          //最高温度字体颜色
14.     @State roomTemperatureColor: string = "                  //室温字体颜色
15.     private weatherHelper = new WeatherHelper()              //天气帮助工具
16.     @State iconDay: string = 'weatherIcon/100.svg'           //天气图片资源对象（白天），默认为太阳
17.     @State iconNight: string = 'weatherIcon/100.svg'         //天气图片资源对象（晚上），默认为太阳
18.     aboutToAppear() {                                        //初始化属性
19.       //开启温湿度监听
20.       sensor.on(sensor.SensorType.SENSOR_TYPE_ID_TEMPERATURE_HUMIDITY, (data) => {
21.         this.roomTemperature = data.x                        //温度
22.         this.wetness = data.y                                //湿度
23.         //动态显示温湿度的颜色变化
24.         this.roomTemperatureColor = this.weatherHelper.tempColor(this.roomTemperature)
```

```
25.        this.wetnessColor = this.weatherHelper.wetnessColor(this.wetness)
26.      }, { interval: 2000000000 })              //interval:20 秒自动刷新一次
27.      this.requestWeather()                      //实时获取当天的天气数据
28.    }
29.    @Builder commText(content:string) {          //固定字体
30.      Text(content)
31.        .fontSize(30)
32.        .textAlign(TextAlign.Center)
33.        .fontWeight(300)
34.        .margin({left:10, right:10})
35.        .fontColor('#333333')
36.    }
37.    @Builder showText(content:string) {          //动态字体
38.      Text(content)
39.        .fontSize(30)
40.        .textAlign(TextAlign.Center)
41.        .fontWeight(400)
42.    }
43.    build() {
44.      Row() {
45.        this.commText('室温')                     //室温文本
46.        Text(this.roomTemperature.toString())     //室温数字显示区域
47.          .fontSize(30)
48.          .textAlign(TextAlign.Center)
49.          .fontWeight(400)
50.          .fontColor(this.roomTemperatureColor)
51.        this.commText('℃')                        //摄氏度文本
52.        this.commText('湿度')                      //湿度文本
53.        Text(this.wetness.toString())             //温度数字显示区域
54.          .fontSize(30)
55.          .textAlign(TextAlign.Center)
56.          .fontWeight(400)
57.          .fontColor(this.wetnessColor)
58.        this.commText('%')                        //百分号文字
59.        this.commText('温度')                      //天气温度文本
60.        Text(this.tempMin.toString())             //当天最低温度数字显示区域
61.          .fontSize(30)
62.          .textAlign(TextAlign.Center)
63.          .fontWeight(400)
64.          .fontColor(this.tempMinColor)
65.        Text('/')
66.          .fontSize(30)
67.          .textAlign(TextAlign.Center)
68.          .fontWeight(300)
69.          .margin({left:10, right:10})
70.          .fontColor('#333333')
71.        Text(this.tempMax.toString())             //当天最高温度数字显示区域
```

```
72.          .fontSize(30)
73.          .textAlign(TextAlign.Center)
74.          .fontWeight(400)
75.          .fontColor(this.tempMaxColor)
76.       this.commText('℃')                                    //天气摄氏度
77.       this.commText('天气')                                 //天气文本
78.       Image($rawfile(this.iconDay))                         //天气图片（白天）
79.          .width(30)
80.          .height(30)
81.       Text('/')
82.          .fontSize(30)
83.          .textAlign(TextAlign.Center)
84.          .fontWeight(300)
85.          .margin({left:10, right:10})
86.          .fontColor('#333333')
87.       Image($rawfile(this.iconNight))                       //天气图片（夜晚）
88.          .width(30)
89.          .height(30)
90.     }
91.     .justifyContent(FlexAlign.Center)
92.   }
93.   requestWeather() {                                        //请求网络天气数据
94.     //创建一个 http 请求对象
95.     let httpRequest = http.createHttp()
96.     //发送请求
97.     httpRequest.request(
98.         //location 固定代表望城区；key 为申请数据的密钥；该天气数据一天可以请求 1000 次
99.         "https://devapi.qweather.com/v7/weather/3d?location=101250105&key=
0d1d0b45323047918219d86832733403",
100.        {}, (err, data) => {
101.        if (!err) {
102.         let result = JSON.parse(data.result.toString())
103.         let daily = result.daily[0]
104.         this.tempMin = daily.tempMin                        //当天最低温度
105.         //获取温度对应的颜色
106.         this.tempMinColor = this.weatherHelper.tempColor(this.tempMin)
107.         this.tempMax = daily.tempMax                        //当天最高温度
108.         //获取温度对应的颜色
109.         this.tempMaxColor = this.weatherHelper.tempColor(this.tempMax)
110.         this.iconDay = 'weatherIcon/'+daily.iconDay+'.svg'  //天气图片（白天）
111.         this.iconNight = 'weatherIcon/'+daily.iconNight+'.svg'  //天气图片（夜晚）
112.        } else {
113.         this.tempMin = 0
114.         this.tempMax = 0
115.       }
116.     })
117.   }
118. }
```

3. 退出应用时关闭所有硬件关联

退出应用程序后，需要关闭所有相关联的硬件设备，包括矩阵屏幕、电子屏幕、蜂鸣器。

找到 ets/ entryability 目录下的 EntryAbility.ts 文件，如图 9-23 所示。

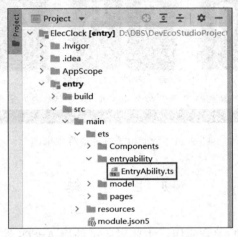

图 9-23　EntryAbility.ts 文件

打开 EntryAbility.ts 文件，导入设备依赖，然后在 onDestroy 函数中关闭所有硬件。onDestroy 函数会在应用退出时调用。具体代码见代码清单 9-28。

代码清单 9-28

```
1.    ......
2.    //@ts-ignore 蜂鸣器
3.    import buzzer from '@ohos.openvalley.buzzer';
4.    //@ts-ignore 矩阵屏幕
5.    import lattice from '@ohos.openvalley.lattice'
6.    //@ts-ignore 电子屏幕
7.    import digitalTube from '@ohos.openvalley.digitalTube';
8.    export default class EntryAbility extends Ability {
9.      ......
10.     onDestroy() {
11.       ......
12.       buzzer.turnOff()                //关闭蜂鸣器
13.       digitalTube.clear();            //清空数码管显示
14.       lattice.clear();                //清空矩阵信息
15.     }
16.     ......
17.   }
```

4. 测试应用

经过测试，智能电子时钟最终效果如图 9-24 所示。读者可自行对页面进行优化。

图 9-24　智能电子时钟最终效果图

项 目 小 结

本项目是对本书知识的综合应用，主要讲述了使用 ArkTS 编写页面布局、动态注解、事件回调处理、时间对象、时间处理算法、定时器与延时器的使用、应用与硬件相互调用、JSON 数据处理及 HTTP 网络请求等内容。

编写本项目的智能电子时钟鸿蒙应用程序时，需要注意以下几点。

（1）使用实验箱时，需要先进行实验箱验签。具体步骤是：File→Project Struture→Project→Signing Configs→Automatically generate signature。

（2）在导入硬件依赖时，由于 DevEco Studio 的限制，可能会出现语法报错，此时需要忽略此错误，在 import 的上方会出现// @ts-ignore 的注释，可以正常通过编译并正常使用该 API。

（3）在编写闹钟倒计时功能时，如果设置了新的闹钟或者关闭了闹钟，需要使用 clearInterval 函数清除之前的定时器，否则会出现多个定时器同时改变倒计时状态，导致倒计时显示混乱。

（4）在进行 HTTP 网络请求时，需要先联网，并在 module.json5 文件中加入网络权限请求，否则会请求不到数据。

（5）在主页引入其他组件页面的 ets 文件时，只需注解@Component 即可，不需要再写入@Entry 注解。

习 题

一、选择题

1. 下列选项中，（　　）依赖属于实验箱电子屏原件。

A．@ohos.openvalley.buzzer   B．@ohos.sensor

C．@ohos.openvalley.digitalTube   D．@ohos.openvalley.lattice

2．下列选项中，（   ）依赖属于实验箱蜂鸣器原件。

A．@ohos.openvalley.buzzer   B．@ohos.sensor

C．@ohos.openvalley.digitalTube   D．@ohos.openvalley.lattice

3．在 media 中，由 Image 组件引入 alarm.png 图片的语法是（   ）。

A．$r('app.media.alarm')   B．$r('app.media.alarm.png')

C．$('alarm')   D．$('alarm.png')

4．有一个 setInterval 函数，其返回值为 sid，则清除定时器的函数是（   ）。

A．intervalClear(sid)   B．clear(sid)

C．clearTimeout(sid)   D．clearInterval(sid)

5．假如今天是星期日，创建一个时间对象 let nowTime = new Date();let day = nowTime.getDate();，则 day 的值是（   ）。

A．7   B．6

C．0   D．星期日

6．下列选项中，（   ）注解是属性的双向绑定。

A．@State   B．@Prop

C．@Link   D．@Builder

7．有一个 JSON 字符串 str，将 JSON 字符串转换为 JSON 对象，正确的是（   ）。

A．str.parseJSON()   B．str.toJSONString()

C．eval(str)   D．JSON.stringify(str)

8．下列选项中，（   ）是 HTTP 网络请求要求的权限。

A．ohos.permission.REBOOT   B．ohos.permission.INTERNET

C．ohos.permission.GET_WIFI_INFO   D．ohos.permission.NFC_TAG

9．下列关于 Date 时间对象中 setHours 方法的说法中，正确的是（   ）。

A．该方法只能传递小时参数

B．参数可以传递小时、分钟、秒钟、毫秒四个参数

C．该方法的所有参数都是可选项

D．参数可以传递 string 类型的参数

10．假如本月是 1 月份，创建一个时间对象 let nowTime = new Date();let month = nowTime.getMonth();，则 month 的值是（   ）。

A．2   B．0

C．一月   D．1

二、填空题

1．let s = '18af6',s.charAt(2)的结果为_____。

2．Math.floor(-14.5)的结果为_____。

3．有一个 changeTime 函数，2 秒后执行一次，则 JS 代码是_____。

4. let num = 100，转化为字符串的方法是_____。

5. 导入蜂鸣器依赖 import buzzer from '@ohos.openvalley.buzzer';，使用_____方法开启蜂鸣器。

6. 定义常量的关键字是_____。

7. 定义一个字符串数组 numArr 的 TS 语法是_____。

8. 使用 Image 引入了一个图片，图片资源可以放在_____和_____文件夹中。

9. 在 Ability 中，_____方法会在程序销毁时调用。

10. let a = '2'+ 10;的执行结果是_____。

项目 9 答案

项目 9 代码

项目 9 课件

参 考 文 献

[1] 丁刚毅，吴长高，张兆生．OpenHarmony 操作系统[M]．北京：北京理工大学出版
社，2022．

[2] 李传钊．深入浅出 OpenHarmony：架构、内核、驱动及应用开发全栈[M]．北京：
中国水利水电出版社，2021．

[3] 梁开祝．沉浸式剖析 OpenHarmony 源代码：基于 LTS 3.0 版本[M]．北京：人民邮
电出版社，2022．

[4] 齐耀龙．OpenHarmony 轻量设备开发理论与实战[M]．北京：电子工业出版社，2023．

[5] 钟元生，林生佑，李浩轩，等．鸿蒙应用开发教程[M]．北京：清华大学出版社，
2022．

[6] 倪红军．鸿蒙应用开发零基础入门[M]．北京：清华大学出版社，2023．